INHALT

ANHANG:

Louis Locher-Ernst / Georg Unger

FREIE GEOMETRIE EBENER KURVEN

Louis Locher-Ernst / Georg Unger

FREIE GEOMETRIE EBENER KURVEN

VERLAG AM GOETHEANUM

Herausgegeben von der
Mathematisch-Astronomischen Sektion
am Goetheanum durch
Renatus Ziegler und *Bettina Kistler*

www.vamg.ch

2., überarbeitete Auflage 2016

Umschlaggestaltung: Wolfram Schildt, Berlin

Satz: Höpcke, Hamburg
Druck und Bindung: Druckhaus Nomos, Sinzheim

ISBN 978-3-7235-1553-2

Vorwort der Herausgeber

Die vorliegende Edition macht vergriffene und nicht leicht greifbare Arbeiten von LOUIS LOCHER-ERNST und GEORG UNGER zur freien Geometrie ebener Kurven in gut lesbarer Form wieder zugänglich.

Im Zentrum steht das Buch *Einführung in die freie Geometrie ebener Kurven* von LOUIS LOCHER-ERNST in Teil II. In Teil I haben wir die in der Wochenzeitung «Das Goetheanum» erschienenen einführenden Aufsätze zu diesem Thema aufgenommen und in Teil III einen Aufsatz aus dem «Sternkalender» und einen aus den «Elementen der Mathematik», ergänzt durch Aufgaben und Lösungen aus letzterer Zeitschrift. In Teil IV folgen zwei Aufsätze von GEORG UNGER in mathematischen Fachzeitschriften zu Spezialfragen aus diesem Themenumkreis, die jedoch direkt an die Ausführungen von LOCHER-ERNST anknüpfen. Zwei weitere Aufsätze von LOCHER-ERNST zu diesem Thema sind in der Bibliographie angeführt und bereits anderswo in Neudrucken zugänglich: die mathematische Spezialarbeit *Polarentheorie der Eilinien* (1951) und die zusammenfassende Übersicht *Kurven und Kurvenhüllen* (1957 b).

Der Nachweis früherer Veröffentlichungen findet sich im «Anhang». Die «Bibliographie» enthält die wichtigsten Arbeiten zur freien Geometrie von Kurven in der Ebene und im Raum, insbesondere zu dualisierbaren Kurven in der projektiven Ebene und im projektiven Raum, mit Originalartikeln und Übersichtsarbeiten. Sie beschränkt sich nicht auf die explizit von LOCHER-ERNST und UNGER zitierten Arbeiten. Soweit wir herausfinden konnten, sind das mathematische Gebiet der freien Geometrie ebener Kurven oder Raumkurven sowie die entsprechenden Theorien für Flächen kein Forschungsgebiet der gegenwärtigen Mathematik. Am nächsten kommen diesem Themenkomplex differentialgeometrische oder ordnungstheoretische Untersuchungen (siehe dazu die Übersicht in HAUPT/KÜNNETH 1967), die jedoch meist auf (nichtdualisierbare) euklidische oder allgemein metrische Situationen fokussiert sind sowie analytisch oder algebraisch argumentieren und somit nicht den allgemeinen Kurvenbegriff von LOCHER-ERNST verwenden oder diskutieren.

Für unsere Edition gilt, dass an erster Stelle die Figuren des Buches *Einführung in die freie Geometrie ebener Kurven* von LOUIS LOCHER-ERNST aus dem gedrängten Anhang befreit und an die Stelle gesetzt wurden, wo tatsächlich auf sie Bezug genommen wird. Weiter wurden die Literaturreferenzen aller Arbeiten vereinheitlicht und alle nicht geläufigen oder entbehrlichen Abkürzungen aufgelöst. Fußnoten wurden durchgehend in den laufenden Text integriert, in der Regel innerhalb runder Klammern. Interne Textverweise wurden ebenfalls vereinheitlicht. Wo nicht oder nur teilweise vorhanden, wurden Verweise auf Figuren und deren Beschriftungen explizit gemacht. Alle diese kleinen Eingriffe in den Text wurden nicht separat markiert, da es sich um eine Arbeitsgrundlage und keine kritische Edition handelt und zudem die Sachverhalte ohne jeden Interpretationsspielraum klar liegen. Weitere kommentarlose Eingriffe betreffen Erleichterungen des Lese- und Aufmerksamkeitsflusses durch Ergänzungen, vor allem an Abschnitts- und Satzanfängen. So wurde etwa «*K* mit einer Wendestelle» ersetzt durch «Elementarkurve *K* mit einer Wendestelle» oder «*P* schneidet die Gerade *g*» durch «Der Punkt *P* schneidet die Gerade *g*» etc. Damit wird das Denken gleich auf den richtigen Kontext hin orientiert und muss sich nicht an der Entschlüsselung von Symbolen, die zudem für verschiedene Gedankeninhalte stehen können, aufhalten. Natürlich kann sich ein aufmerksam lesender Mensch durch den Kontext selbst klarmachen, was gemeint ist; aber wir dachten, dass das, abgesehen von stilistischen Gründen, für moderne Lesende mit schnellem Informationsbedürfnis und kurzer Aufmerksamkeitsspanne eine Hilfe sein könnte. Alle weiteren Ergänzungen, die zusätzlichen Informationsgehalt anbieten, sind in eckige Klammern gesetzt. Der größte *formale* Eingriff betrifft die Struktur der Theoreme. Sie wurden erstens einheitlich typographisch stärker aus dem laufenden Text hervorgehoben sowie zweitens durchgehend in ihrer polaren Struktur durchsichtig gemacht vermöge zweispaltigem Satz. Damit einhergehend wurden Anfang und Ende der Beweise deutlich kenntlich gemacht. Das hatte einige kleinere Textumstellungen zur Folge sowie den Wegfall von Floskeln wie «polar dazu ergibt sich» oder «damit ist Satz **Y** bewiesen». Wo nicht bereits vorhanden, haben wir die polare Variante der Sätze (nicht aber der entsprechenden Erläuterungen oder Beweise) ergänzt. Der zweispaltige Satz hat einige Textlücken zur Folge, da LOCHER-ERNST nicht alle polaren Sachverhalte und Figuren im Einzelnen explizit gemacht hat.

Zum Schluss bleibt uns noch, denjenigen Personen zu danken, die das Erscheinen dieses Buches ermöglicht und begleitet haben. An erster Stelle danken wir BRIGITTA LOCHER für ihre vorbehaltlose Bereitschaft, die Rechte an den Werken ihres Vaters LOUIS LOCHER-ERNST an den Verlag am Goetheanum zu übertragen. Zweitens hat uns HANS HASLER als Nachlassverwalter von GEORG UNGER freie Hand zur Publikation von dessen Aufsätzen gegeben. Drittens hat der Leiter der Mathematisch-Astronomischen Sektion am Goetheanum, OLIVER CONRADT, unser Projekt wohlwollend unterstützt und die Publikation im Verlag am Goetheanum ermöglicht.

Bettina Kistler und Renatus Ziegler,
Frühjahr 2015

Teil I

Louis Locher-Ernst

Vorbereitende Betrachtungen

1 Ein einfacher Bogen

In diesen Zeilen geht es um ein Kurvenstück in einer Ebene, das keine einzige Besonderheit aufweisen soll, keine Spitzen, keine Wendungen, keine mehrmals durchlaufenen Stellen, bloß um ein stets nach derselben Seite hin gekrümmtes Wegstück – um einen einfachen Bogen. Ob es sich um einen Teil einer Ellipse oder eines Kreises oder irgendeiner anderen Kurve handelt, bleibe dahingestellt; wir wollen nur den Umstand, dass ein einfacher Bogen durchlaufen werde, in Betracht ziehen. Bis sich ein gewisser Sinn dafür entwickelt, weiß man freilich nicht viel darüber zu erzählen.

Zu unterscheiden ist das passive Element des Bogens, nämlich die Folge seiner Punkte, vom aktiven Element, der Folge der Wegrichtungen, von denen die Wegspur umhüllt erscheint (Figur 1). Allgemein werden wir die Ebene unter zwei Aspekten aufzufassen haben: sowohl als Feld aller ihrer Punkte als auch als Feld aller ihrer Strahlen (Geraden).

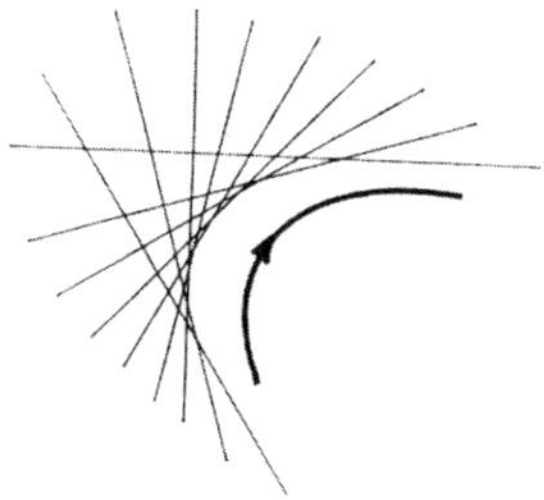

Figur 1

So leicht es ist, mit der Feder einen einfachen Bogen zu ziehen oder gemäß einem solchen zu schreiten, so schwierig erweist es sich, wenn man ihn ganz in Begriffen zu fassen versucht. Letzteres ist eine Aufgabe des Mathematikers, die hier nicht berührt werden soll. Vielmehr wenden wir uns einem anderen Thema zu.

Der Vorgang einer Willensregung verbleibt als solcher im Dunkeln, erst sein Ergebnis lässt sich in Vorstellungen kleiden. Wir richten die Aufmerksamkeit auf das in der Willensregung *Gebildete* – das passive Element – und auf das durch sie zur Tätigkeit aufgerufene *Bildende* – das aktive Element.

Die Willensregung nimmt Bezug auf etwas; dieses stellt das von ihr *Umschlossene* dar. Gleichzeitig damit, dass der Willensakt sich auf einen Bereich bezieht, schließt er etwas anderes aus; es wird das *Ausgeschlossene* mit gebildet. Es gibt aber stets auch ein Gebiet, das weder umschlossen noch ausgeschlossen wird, gegenüber dem die Willensregung sich neutral verhält: das *Unbeachtete.*

Versuchen wir, soweit es gelingt, dasjenige Element zu erfassen, das durch den Willensakt als bildende Tätigkeit aufgerufen wird, so finden wir die entsprechende Dreigliederung: das *Umschließende,* das *Ausschließende* und das *Nichtbeachtende.* Dabei ist deutlich bemerkbar, dass diese aktiven Bereiche viel schwerer zum Bewusstsein zu bringen sind als die passiven Gebiete.

Das vom Willensakt erregte Bildende:	als Spur Gebildete:
a) Umschließende	A) Umschlossene
b) Ausschließende	B) Ausgeschlossene
c) Nichtbeachtende	C) Unbeachtete

Beim Durchlaufen eines einfachen Bogens erscheinen, hingezeichnet vom Formwesen, das vom Willen erregte bildende Element im Strahlenfeld und das als Spur hinterlassene Element im Punktfeld, wie hereingefächert in die dem Bewusstsein offene Welt des Vorstellens.

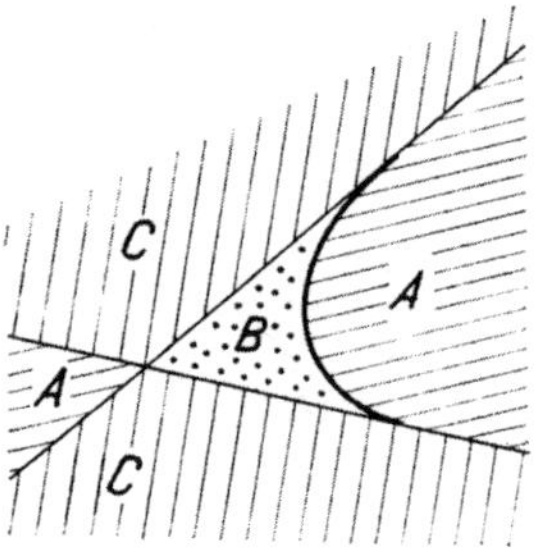

Figur 2

Die Gebiete *A, B, C* sind leicht fassbar (Figur 2). *A* besteht aus den Punkten, von denen aus *keine* den Bogen berührende Strahlen ausgehen; *B* aus den Punkten, die genau *zwei* berührende Strahlen an den Bogen senden; *C* aus denjenigen, von denen genau *eine* Tangente ausgeht.

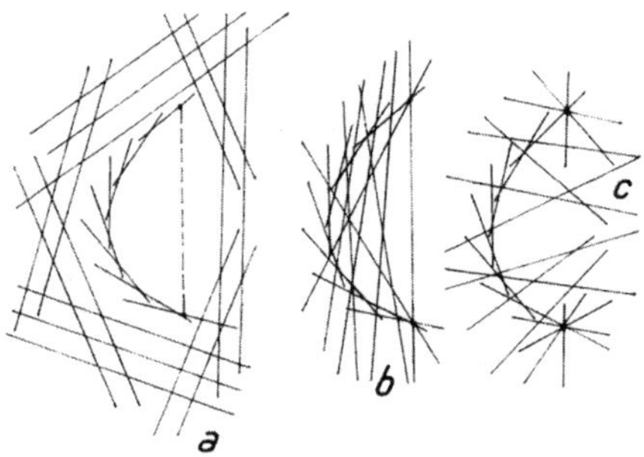

Figur 3

Wegen der einseitigen Übung unseres Bewusstseins, sich auf das Punktfeld einzustellen, fällt es schwerer, sich die Gliederung im Strahlenfeld zum unmittelbaren Erleben zu bringen (Figur 3). Der Bereich *a* im Strahlenfeld besteht aus allen Strahlen, die den Bogen in *keinem* Punkte treffen; *b* besteht aus allen Strahlen, die in genau *zwei* Punkten treffen, und *c* enthält die Strahlen, die nur *einen* Punkt des Bogens enthalten. (Die Strahlenbereiche lassen sich zeichnerisch bloß andeuten und auch nur «strichweise» vorstellen.)

So kann denn schon ein einfacher Bogen zu recht weitgehenden Studien anregen. Es lässt sich daran ermessen, wie vielfältig die Welt ist, die in einer Kurvenform mit Wendungen, mit Spitzen und weiteren Besonderheiten aus dem Dunkel des Willensbereiches in das Licht des vorstellenden Bewusstseins «hereingefächert» wird.

2 Vom einfachen Bogen zum Oval

Im vorangehenden Abschnitt «Ein einfacher Bogen» bemerkten wir, dass ein einfacher Bogen – ein hinreichend kurzes, stets nach derselben Seite hin gekrümmtes Wegstück in der Ebene – *zwei* miteinander verbundene Dreigliederungen erzeugt. Es ist naheliegend, den einfachen Bogen zu verlängern und nachzusehen, was sich Neues ergibt. Dabei halten wir noch daran fest, dass keine Spitzen oder Ecken oder Wendungen oder sonstige Besonderheiten auftreten sollen.

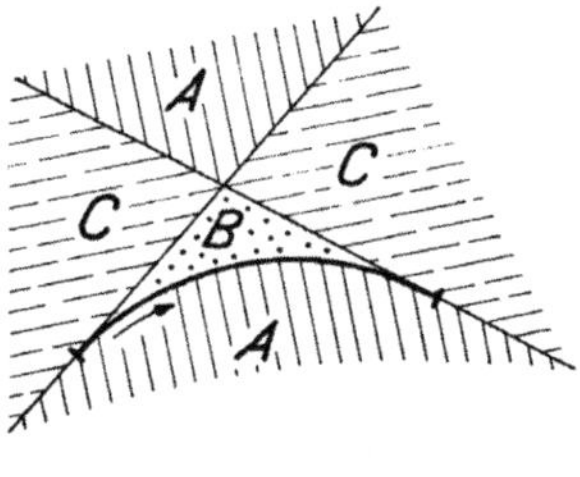

Figur 4

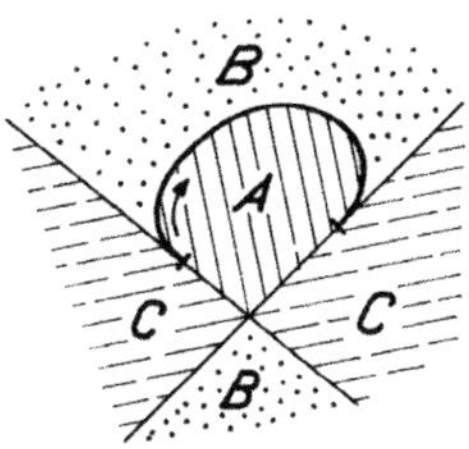

Figur 5

Wie sich die Dreigliederung im passiven Gebiete ändert, lässt sich leicht überschauen. Ist der Unterschied der Wegrichtungen am Anfang und am Ende des Bogens noch gering (Figur 4), so erstreckt sich das Gebiet des *Umschlossenen* (*A*) über das Unendliche. Wird aber jener Unterschied größer, so wird das Umschlossene (*A*) ein endliches Gebiet (Figur 5), wogegen das *Ausgeschlossene* (*B*) sich über das Unendliche hinzieht.

Auch wenn wir beim weiteren Verlängern des Bogens jede Besonderheit vermeiden, gelangen wir notwendigerweise in die eine oder andere Konfliktsituation. Entweder passiert es, dass die Wegrichtung am Bogenende auf den Anfangspunkt hinweist (durchgezogenes Bogenstück in Figur 6), oder wir gelangen im Endpunkt auf die Tangente des Anfangspunktes (durchgezogenes Bogenstück in Figur 7).

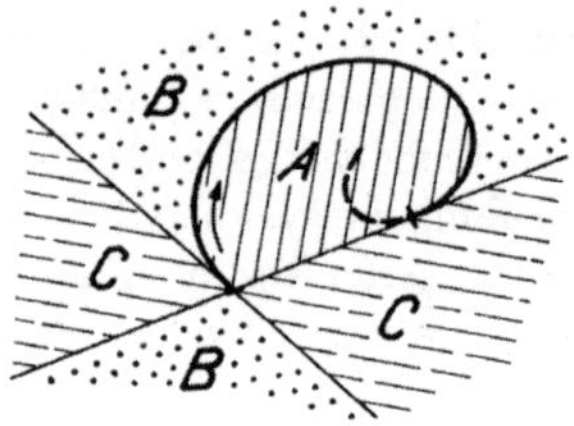

Figur 6

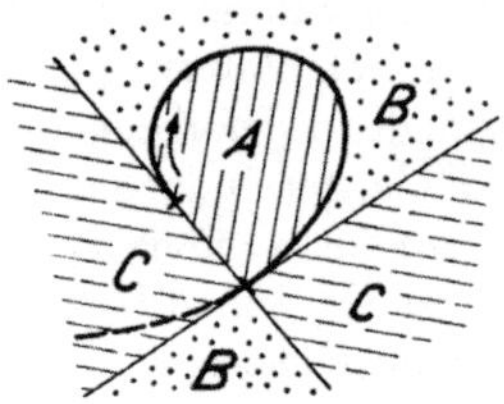

Figur 7

Im ersten Falle (gestricheltes Bogenstück in Figur 6) besteht der Konflikt darin, dass wir bei weiterer Fortsetzung, die notwendig in das Umschlossene (*A*) hineinführt, erstens ein gewisses Gebiet von *A* doppelt umschließen und zweitens früher Umschlossenes zum Ausgeschlossenen machen.

Im zweiten Falle (gestricheltes Bogenstück in Figur 7) müssen wir notwendig in das *Unbeachtete* (*C*) hineinschreiten.

Wollten wir den angezeigten Konflikten ausweichen, so müssten wir uns zur Bildung einer Besonderheit entschließen, zu einer Wendung oder zu einer Spitzenkehre dieser oder jener Art (Figur 8).

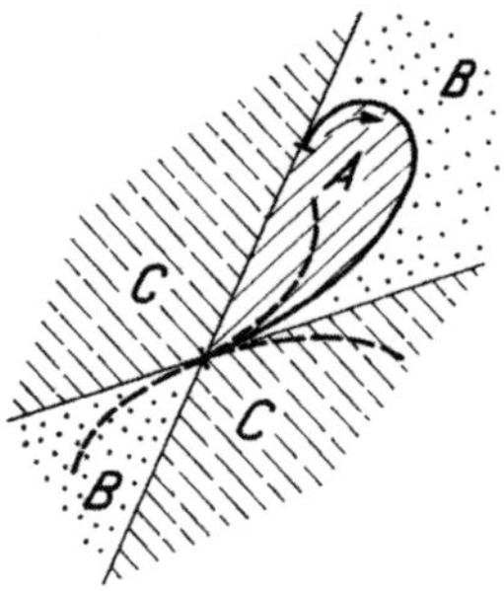

Figur 8

Betrachten wir die beiden erhaltenen Bögen, die bis zum Erreichen der Konfliktsituation führen, so bemerken wir, dass es sich um dasselbe Gebilde handelt, nur erscheinen die Rollen des Anfangs- und des Endpunktes untereinander vertauscht. Wir nennen es, weil der Buchstabe C daran erinnern kann, einen C-Bogen. Ein solcher ist ein in sich polares Gebilde, dessen Enden qualitativ verschiedener Natur sind, was beim einfachen Bogen noch nicht der Fall ist.

Die Fortsetzung eines C-Bogens in die Konfliktsituation hinein führt zu den Spiralenbögen, von denen weiter unten im Abschnitt «Von den Spiralenbögen» berichtet wird. Ausweichen erfordert hingegen einen besonderen Entschluss.

In dieser Note wenden wir uns aber noch einem besonderen Falle zu: Es mögen der Endpunkt mit dem Anfangspunkt und die Endtangente mit der Anfangstangente zusammenfallen. In diesem Spezialfalle wird der C-Bogen ein *Oval,* eine *Eilinie* (Figur 9).

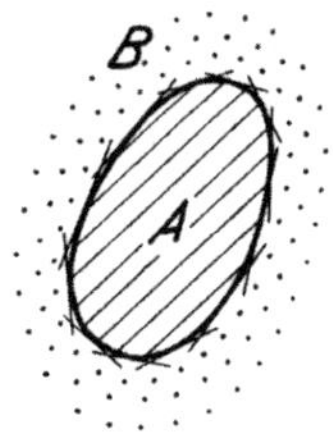

Figur 9

Beide Dreigliederungen – wir betrachten hier nur die leichter fassbare im passiven Gebiet – werden aufgehoben, indem das *Unbeachtete* (*C*) verschwindet und sich bloß noch die Polarität des Umschlossenen (*A*) und des Ausgeschlossenen (*B*) präsentiert.

Diese Gebiete liegen nun aber keineswegs beziehungslos nebeneinander. Vielmehr ist zum Beispiel jeder Punkt *P* im Innern akkurat auf ein Gebilde *p* im Äußeren abgestimmt. Von den vielen Möglichkeiten, sich einen Begriff von diesen Bezügen, die durch eine vorliegende Eiform zwischen dem Innern und dem gesamten Äußeren gegeben sind, zu bilden, wählen wir hier nur die einfachste (Figur 10): Man lege durch den betrachteten inneren Punkt *P* die Sehnen, dann in deren Endpunkten die Tangenten und bringe diese je zum Schnitt. Dreht sich die Sehne um *P,* so beschreibt der Schnittpunkt eine geschlossene Kurve *p* im Außengebiet. Macht man dies

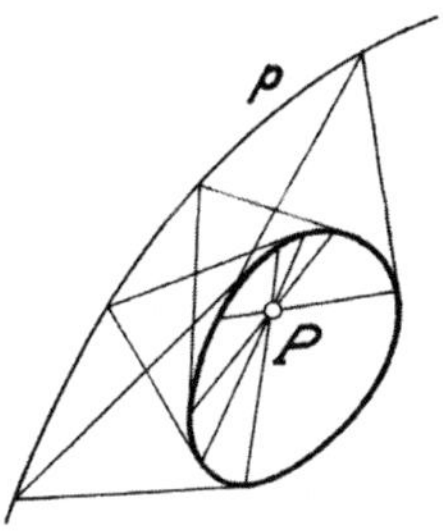

Figur 10

mit mehreren inneren Punkten, so ergibt sich eine zugehörige Schar von Kurven. Damit erscheinen die Feinheiten der ovalen Form sozusagen makroskopisch vergrößert in dem Verlauf dieser Kurven. Verändert man ein Oval auch nur im Geringsten, so können jene Kurven schon ein ganz anderes Aussehen erhalten. Man lernt dadurch, wie verschieden auf den ersten Blick ziemlich ähnlich erscheinende Eiformen sich zur gesamten «Umwelt» verhalten.

Für die einfachsten Ovale, die Ellipsen und insbesondere den Kreis, sind alle jene Kurven *p* gerade Linien.

Wir gingen hier vom gegebenen Oval zur Umgebung. In der lebendigen Natur sind die Beziehungen zwischen *p* und *P* – wir erlauben uns hier diese recht vereinfachte Ausdrucksweise – das Primäre, die vorgefundenen Eiformen das Sekundäre.

Die vorhin verwendeten Worte, «auf den ersten Blick ziemlich ähnlich erscheinende» können uns zum Bewusstsein bringen, dass wir nicht nur beim Abschreiten, sondern schon beim Betrachten die Formen nachschaffen, nämlich mit dem wunderbaren Gebilde der Augenmuskeln. Deren schier unfassbar feines Spiel lässt uns die merkwürdigen Bezüge ahnen, die zwischen ihm und der ideellen Welt der Formenbegriffe obwalten.

3 Von den Spiralenbögen

Setzt man einen einfachen Bogen fort und vermeidet dabei die Bildung irgendeiner Besonderheit (Wendungen, Spitzen usw.), so gelangt man gemäß dem vorangehenden Abschnitt «Vom einfachen Bogen zum Oval» notwendigerweise in eine der beiden folgenden Konfliktsituationen: Entweder läuft die Tangente des Endpunktes zum ersten Male durch den Anfangspunkt des Bogens (ausgezogenes Stück in Figur 11); oder man gelangt zum

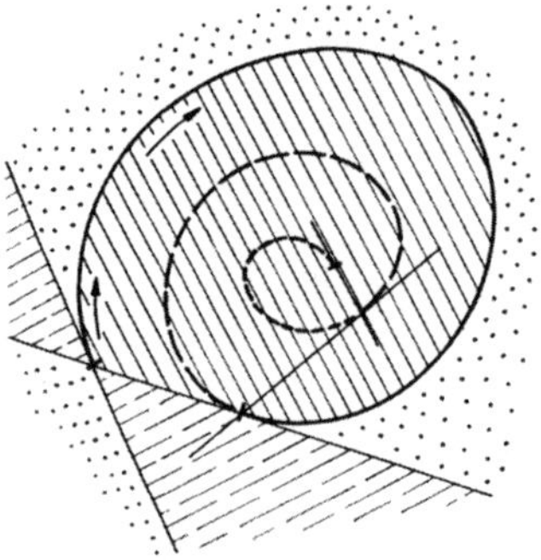

Figur 11

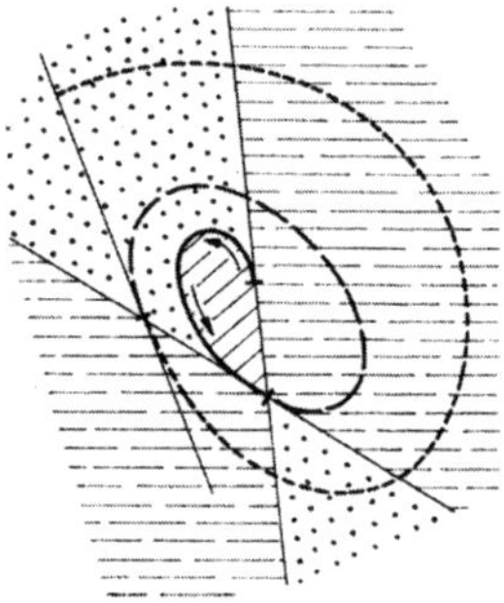

Figur 12

ersten Male auf die Tangente des Anfangspunktes (ausgezogenes Stück in Figur 12).

Führt man einen einfachen Bogen genau so weit, dass einer dieser Sachverhalte eintritt, so sprechen wir von einem C-Bogen. Beide Fälle liefern dieselbe Form, aber unter Vertauschung der Rollen von Anfangs- und Endpunkt. Ein C-Bogen ist ein in sich polares Gebilde, dessen Enden qualitativ verschiedene Bedeutungen zukommen. Es ist ohne weiteres klar, welches Ende wir das äußere bzw. das innere zu nennen haben.

Vom Sonderfalle, in dem beide Sachverhalte gleichzeitig auftreten, und von der Ovalbildung sehen wir hier ab. Wir wollen aber nun einen C-Bogen fortsetzen und genau zusehen, was dabei passiert. Wir nehmen uns vor, jede Besonderheit wie Wendungen, Spitzen und Wiederbegegnungen usw. zu meiden, also stets «normal» weiterzuschreiten.

Im ersten Falle (Figur 11) müssen wir dann notwendig in das Gebiet des vom C-Bogen *Umschlossenen* eindringen. Dabei werden bereits umschlossene Gebiete zum zweiten Male umschlossen und andererseits früher umschlossene Teile jetzt *ausgeschlossen.* Es kommt der Moment, in dem ein an den ersten sich anschließender zweiter C-Bogen gebildet worden ist (lang gestrichelt in Figur 11). Weitere Fortsetzung macht es nötig (kurz gestrichelt), gewisse Gebiete zum dritten Male zu umschließen, aber sowohl vom ersten als auch vom zweiten C-Bogen vorher Umschlossenes aufzugeben, also auszuschließen.

Einen solchen von Wendungen, Spitzen, Doppelpunkten usw. freien Bogen nennen wir einen *Spiralenbogen.* Will man sich für einen solchen ein Gefühl erwerben, das durch Wachheit der Begriffsbildung erhellt ist, so hat man die Aufmerksamkeit auf folgende Umstände zu richten: Es wird zunächst ein erstes Gebiet umschlossen, dann ein zweites, das ein Teil des ersten ist, dann ein drittes, nämlich ein Teilgebiet des zweiten, usf. Man bildet also beim Durchlaufen eine Folge von ineinander geschachtelten umschlossenen Gebieten. Dabei wird aber sukzessive jeweils ein Stück des vorher Umschlossenen «freigegeben», zum Ausgeschlossenen gemacht. Der Wille richtet sich also zuerst auf einen gewissen Umfang, beim weiteren Einkreisen tritt eine Beschränkung ein, indem anfangs Umschlossenes außer Acht gelassen wird.

Denkt man sich den Weg unbegrenzt fortgesetzt, so umhüllt dieser notwendig einen konvexen (nirgends eingebuchteten) *Kern,* der unter Umständen ein konvexes Vieleck sein und im Sonderfalle sich auf einen Punkt reduzieren kann. Dieser Kern ist das Gebiet, das allen Gebieten der erwähnten Folge gemeinsam ist.

Verfolgen wir nun den zweiten Fall (Figur 12). Über den ersten C-Bogen hinaus *müssen* wir in dessen *Unbeachtetes* (vgl. den Abschnitt «Vom einfachen Bogen zum Oval») hineinschreiten und bei der stets normalen Fortsetzung bilden wir schließlich einen zweiten C-Bogen (lang gestrichelt), dessen Umschlossenes das vom ersten C-Bogen umschlossene Gebiet ganz in sich enthält. Es ist unschwer zu überschauen, dass die weitere Fortsetzung (kurz gestrichelt) eine Folge von umschlossenen Gebieten bildet, von denen jedes das vorangegangene in sich enthält.

Viel interessanter ist die Sache, wenn wir den zweiten Fall, wie es sich gehört, polar zum ersten, im Gegenraume, behandeln, was aber zeichnerisch kaum wiedergegeben werden kann. Denken wir uns das *Umschließende* des ersten C-Bogens (Figur 13), das heißt den Bereich von *allen* Strahlen (geraden Linien) der Ebene, die den Bogen nicht treffen. Die Fortsetzung des ersten Bogens, den wir jetzt als Gebilde seiner Tangenten weiter verfolgen, führt notwendig ins *Innere* dieses umschließenden Bereiches, das heißt, die neuen Tangenten gehören diesem Bereiche an. Der ganze umschließende Bereich des zweiten C-Bogens gehört dem ersten als *Teilbereich* an. Beim Weiterschreiten *verkleinern* wir den ersten umschließenden Bereich sukzessive. Bei unbegrenzter Fortsetzung *muss* man sich notwendig einer gewissen «kleinsten» konvexen *Hülle* anschmiegen, die in allen jenen Teilbereichen enthalten ist. Die genauere Untersuchung zeigt, dass diese tragende Hülle unter Umständen ein konvexes Vielseit sein und im Sonderfalle sich auf eine einzige Gerade reduzieren kann. (Die logarithmische Spirale ist ein beidseitig offener Spiralenbogen, bei dem der Kern zum Punkt, die Hülle zur Ferngeraden geworden ist.)

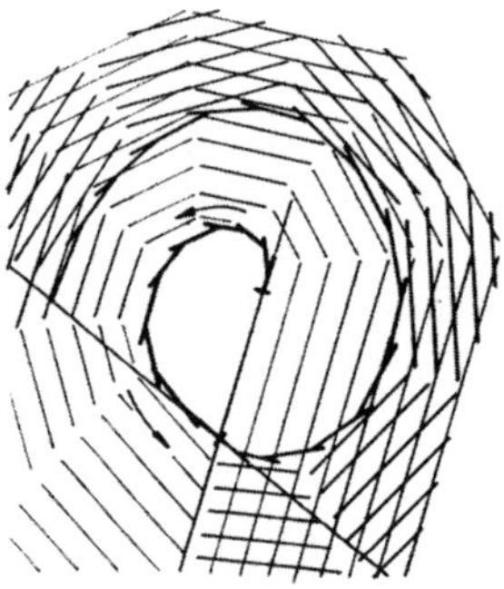

Figur 13

Setzen wir einen einfachen Bogen über seine beiden Enden ohne Besonderheiten je unbegrenzt fort, denken also einen beidseitig «offenen Spiralenbogen», so besitzt dieser notwendig einen *Kern* und eine *Hülle*. Wer unter allen Umständen ohne Wendungen, Spitzen, Wiederbegegnungen usw., kurz durchwegs «normal» weiter- und weiterschreitet, *muss* somit entweder einen *Kern* erzeugen oder sich einer tragenden *Hülle* anschmiegen (Figur 14).

Dieser Sachverhalt, als graphische Intuition in das Erleben aufgenom-

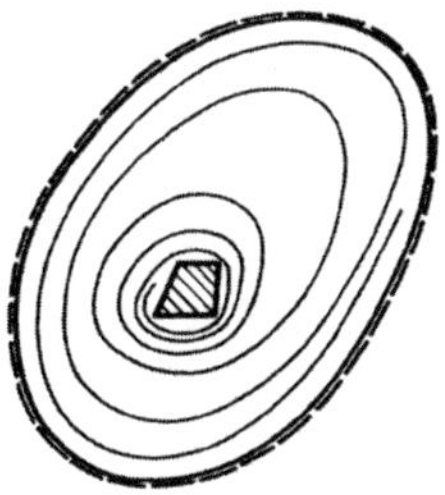

Figur 14

Figur 15 a

Figur 15 b

men, erweist sich als ein wunderbares Schriftzeichen, als Urphänomen für das notwendige Wirken zweier polarer Mächte im Formenbereich.

Lässt man auf dem Gange nur allein Doppeltangenten zu oder erlaubt überdies eine einzige Wendung, so sind bereits vollkommen andere Verhältnisse möglich, wie dies in den Figuren 15 a und 15 b an zwei Beispielen angedeutet wird.

4 Wellen, Schleifen und fortschreitende Lemniskaten

Nachdem wir in den vorangehenden Abschnitten einfache Bögen, Eilinien und Spiralenbögen betrachtet haben, denen gemeinsam ist, stets «normal» zu verlaufen, wagen wir es nun, Besonderheiten einzubeziehen. Hingegen halten wir noch daran fest, dass die Wegrichtungen sich durchwegs stetig ändern; von der Bildung von Ecken sehen wir also ab. Da es nicht um eine abstrakte Abhandlung geht, sondern um eine Anregung, sich in der Mannigfaltigkeit ebener gekrümmter Formen zurechtzufinden – die Fülle der räumlichen Flächengestaltungen ist noch viel reicher –, untersuchen wir die möglichen Besonderheiten nicht für sich allein, sondern in ihrer Einfügung in ein Ganzes.

Wir gehen von einer Eilinie aus, zum Beispiel von einem Kreise, und lassen den Umfang wellig werden. Beim Durchlaufen finden dann *Wendungen* statt, indem die Richtungsänderung zum Beispiel zuerst im Sinne des Uhrzeigers, dann, nach Überschreiten der Wendestelle, im Gegensinne des Uhrzeigers erfolgt. In Figur 16 sind vier aufeinanderfolgende Wendestellen mit 1, 2, 3, 4 bezeichnet. Wenn die Ein- und Ausbuchtungen ungefähr dasselbe Maß haben, so empfindet man das Innere und das Äußere im Gleichgewicht.

Wir formen die Wellenlinie nun so um, dass je zwei benachbarte Wendestellen einander immer näher rücken. Dies kann aber auf zwei Weisen geschehen: Entweder rücken je zwei Wendestellen gegen die *Einbuchtungen* oder gegen die *Ausbuchtungen* hin.

Erster Fall (Figur 16): Rücken die Wendestellen 1 und 2, 3 und 4, usw., gegen die Einbuchtung, so ergibt sich im Grenzfall je eine Spitze, die nach innen zeigt. Dabei haben sich die Wendetangenten zueinander gedreht und sind schließlich zusammengefallen. Drehen sie sich weiter, so geben sie – nun nicht mehr als Wendetangenten – zu einer Schleife Anlass. Durch Abrunden kann sich diese ablösen und wir erhalten wiederum einen welligen Umfang. Aber durch den Prozess haben sich Ovale in das Innere hinein abgelöst. Alle Ausbuchtungen sind geblieben. *Das Innere hat sich gegenüber dem Äußeren als stärker erwiesen,* dabei hat es sogar noch Ovale aus dem Äußeren

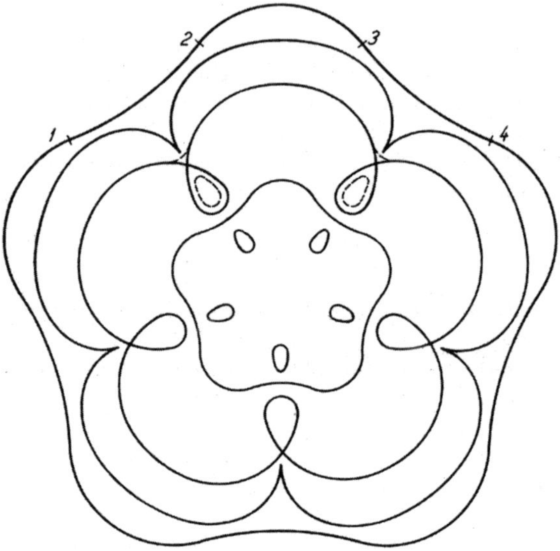

Figur 16

in sich hereingeholt. (Bei den Figuren sind zwei Umstände zu beachten: Erstens sind, nur um Platz zu sparen, die Formen nicht nebeneinander, sondern ineinander gezeichnet, so dass eine nicht sachgemäße Verkleinerung nach innen erforderlich ist. Zweitens sind zu wenig Stationen gezeichnet, um die Übergänge hinreichend zu erfassen. Wer sich die kleine Mühe nimmt, mit freier Hand die Umformungen zu skizzieren, wird in Bezug auf die Krümmungsverhältnisse Entdeckungen machen, von denen er beim bloßen Betrachten der Figuren kaum etwas zu wissen bekommt.)

Zweiter Fall (Figur 17): Wiederum lassen wir den Umfang einer Eilinie (innerster Kreis) wellig werden, so dass Wendestellen 1, 2, 3, 4, … entstehen. Jetzt lassen wir aber 2 und 3, 4 und 5, usw., gegen die Ausbuchtungen hin-

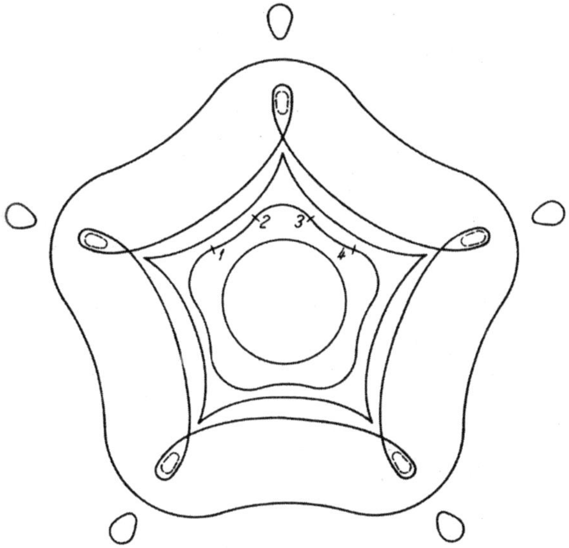

Figur 17

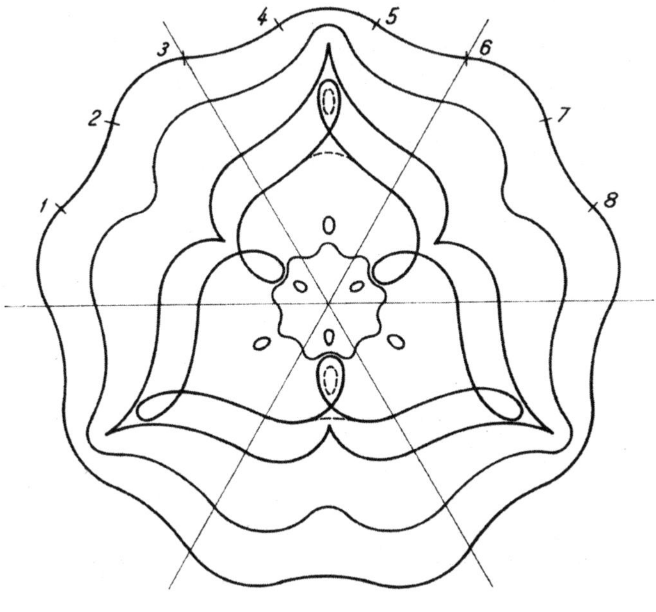

Figur 18

rücken. Beim Zusammenfallen ergeben sich Spitzen, die nach außen zeigen. Weiter werden Schleifen gebildet. Das Abrunden führt zum Ablösen von Ovalen und gleichzeitig zurück zu einem welligen Umfang wie zu Beginn des Prozesses. Alle Einbuchtungen sind geblieben. *Das Äußere hat sich gegenüber dem Inneren als stärker erwiesen* und dabei sogar noch Ovale in seinen Bereich hereingezogen.

Welche Gestalten ergeben sich, wenn das Innere und das Äußere abwechselnd ihre Vormacht geltend machen? Figur 18 deutet diesen Vorgang an. Ausgehend von einer Eilinie, deren Umfang wir wellig machen, so dass Wendestellen 1, 2, 3, … entstehen, lassen wir zwei benachbarte Wendestellen wie 4 und 5 gegen eine Ausbuchtung, hingegen 1 und 2 (sowie auch 7 und 8) gegen eine Einbuchtung zusammenrücken. Dies ist aber nur möglich, wenn zwischen solchen Paaren je eine Wendestelle beibehalten wird (wie 3 und 6 in der Figur). Die Geraden in der Figur sind gezeichnet, um deutlicher zu machen, dass dort die Wendestellen verbleiben. Das Weitere ergibt sich aus den früher geschilderten Prozessen. Man gelangt zu fortschreitenden Lemniskaten, der lebendigsten ebenen Kurvenform. Am Schlusse erhält man wieder dieselbe gewellte Form wie zu Beginn, aber im Verlaufe des Vorganges wurden sowohl in das Innere wie auch in das Äußere Ovale abgelöst.

Mit den skizzierten Vorgängen lernt man wichtigste Formgesetze kennen, die einen Schlüssel dafür bieten, eine Fülle weiterer Prozesse erfassen zu können. Verbindet man sie noch mit den in den vorangehenden Abschnitten angedeuteten Dreigliederungen durch die dabei durchlaufenen einfachen Bögen, so fängt man an, vom bloßen Formenwissen zum Formenfühlen vorzurücken, nämlich «die Formen wirklich als lebendige zu fühlen, dass wir die Formen empfinden als Organe eines Sprechens aus der geistigen Welt», wie Rudolf Steiner in Ausführungen am 28. Juni 1914 bemerkte [GA 286, 1982, S. 76], die zu den vorliegenden Betrachtungen die Anregung boten.

Teil II

Louis Locher-Ernst

Einführung in die freie Geometrie ebener Kurven

Vorwort

Das Ziel der folgenden Betrachtungen besteht darin, die den Verlauf von ebenen Kurven regelnden Gesetze kennenzulernen und eine Übersicht der einfachsten Kurvenformen zu gewinnen. Zugleich handelt es sich um eine Einführung in einen modernen Zweig der Geometrie, der vor etwa hundert Jahren veranlagt und um 1900 entwickelt wurde, heute aber leider nur von wenigen Mathematikern Pflege erfährt. Die Veranlagung findet man bei VON STAUDT 1847 (§§ 11–15) und F. MOEBIUS 1852. Eine strenge Grundlegung gab A. KNESER 1889 und 1893. Dann war es vor allem der dänische Mathematiker C. JUEL 1914, dem man die erste Entwicklung verdankt. Lehrbücher, die dieses neue Gebiet der Geometrie ausführlich darstellen, existieren heute noch nicht. Es gibt wohl eine große Zahl von einzelnen Abhandlungen, verstreut in zum Teil nicht ohne weiteres zugänglichen Zeitschriften (Hinweise auf die Literatur findet man in dem zusammenfassenden Bericht von NAGY 1943 [und in HAUPT 1939, KÜNNETH 1964, HAUPT/KÜNNETH 1967]). Den Anfang der Entwicklung bilden aber, soweit ich es überschauen kann, zwei Abhandlungen von A. KNESER (1889 und 1893) und die außerordentlich reichhaltige zusammenfassende Arbeit *Einleitung in die Theorie der ebenen Elementarkurven dritter und vierter Ordnung* von C. JUEL 1914.

Wir werden uns zunächst mit der Charakterisierung der betrachteten Objekte zu beschäftigen haben. Im Laufe der letzten siebzig Jahre hat sich immer deutlicher herausgestellt, dass es eine keineswegs einfache Sache ist, den Begriff der Kurve befriedigend zu fassen. Jemand, der sich mit diesem Problem nie beschäftigte, kann sich keine Vorstellungen darüber bilden, welchen bedeutenden Schwierigkeiten man hier begegnet.

Eine zu weite Fassung des Kurvenbegriffs führt sehr bald zu schwierigen Fragen der Mengenlehre. Die sich darbietenden Verhältnisse sind derart mannigfaltig, oft überraschend und vor allem unüberschaubar, dass die Gefahr des Sichverlierens in engen Sonderfragen groß ist.

Bei der Beschränkung auf analytische oder gar algebraische Kurven nimmt man in Kauf, dass die betrachteten Gebilde die Eigenschaft besitzen, in ihrer Ganzheit bereits durch ein beliebig kleines Stück festgelegt zu sein. Es ist aber für eine anschauliche Geometrie nicht einzusehen, warum man sich von vornherein dieser Beschränkung unterziehen soll. Umso bemerkenswerter ist die Tatsache, dass manche Eigenschaften, von denen man früher überzeugt war, dass sie typisch algebraischer Natur seien, sich als von viel allgemeinerer Art erweisen.

Wenn auch die Auffassung des kürzlich verstorbenen [1950] dänischen Mathematikers J. HJELMSLEV 1923 über das, was man «natürliche Geometrie» nennen kann, von der von mir gepflegten Anschauung wesentlich abweicht, möchte ich doch den folgenden Sätzen, die aus seinen temperamentvollen Hamburger Vorträgen stammen, zustimmen:

«Die gewöhnliche Theorie der Kurven und Flächen hat einen zu stilisierten Charakter. Was wir gewöhnlich von unseren Kurven und Flächen verlangen, sind Bequemlichkeitsbedingungen, die bei der Ausführung der Rechnungen als natürlich und leicht eingeführt werden, und haben oft keine eigentliche Anknüpfung an unsere wirkliche Geometrie.

Einige einleitende Arbeiten in der Richtung einer anschaulichen Geometrie liegen schon vor. Die schönen Untersuchungen von C. JUEL über Kurven in der Ebene und im Raume und über Flächen dritter Ordnung geben ein Beispiel für die Behandlung der einleitenden projektiv-topologischen Eigenschaften der krummen Gebilde ...».

Für eine anschauliche Geometrie wird es sich darum handeln, eine gewisse Mitte in Bezug auf zu weite und zu enge Fassung des Begriffes «Kurve» einzuhalten. Da der im Folgenden verwendete Kurvenbegriff allgemeiner ist als der Begriff der analytischen oder gar der algebraischen Kurve, können die analytischen Funktionen, das mächtige Werkzeug der klassischen analytischen Geometrie, als Hilfsmittel nicht herangezogen werden. Das bedingt, dass man sich neuartige Methoden schaffen muss, um die Eigenschaften der betrachteten geometrischen Gebilde begrifflich streng behandeln zu können.

Ich spreche von einer *freien* Geometrie in dem Sinne, dass die Untersuchungen frei von einem als Hilfsgerüst verwendeten Koordinatensystem sind. Es war mein Ziel, eine freie Geometrie der Kurven und Bewegungen möglichst aus dem unmittelbar Evidenten heraus begrifflich streng zu entwickeln. Dieses Streben führte mich dazu, den Begriff der «elementaren stetigen Bewegung» zugrunde zu legen.

Die wenigen zum Aufbau notwendigen, ganz elementaren Sätze der projektiven Geometrie der Ebene werden im ersten Kapitel entwickelt, so dass zur Lektüre keine besonderen Vorkenntnisse nötig sind. Mancher Leser wird sich freilich nur für die Inhalte der Sätze des ersten Kapitels, nicht für deren feingesponnene gegenseitige Beziehungen interessieren. Zum Verständnis der Kurvenlehre sind nur die Inhalte nötig.

Der vorliegende Teil enthält nur *projektive* Kurvengeometrie der Ebene. Die Begriffe «parallel» und «rechter Winkel» werden hier also keine Rolle spielen.

Die Darstellung richtet sich an Leser, die sich für einen strengen Aufbau der geometrischen Formenlehre interessieren. Außer dem Mathematiker werden sich auch Naturwissenschaftler, die sich mit den in der Natur auftretenden Gestalten und ihren Metamorphosen beschäftigen, angesprochen finden. Ferner werden Künstler, die mit der Freude an den Formen auch erkennend in die Formensprache eindringen möchten, gewisse Aufschlüsse gewinnen können. Dies zeigte sich in Vorträgen und Kursen, die ich in verschiedenen Kreisen über dieses Thema gehalten habe.

Der vorliegend veröffentlichte erste Teil stellt den Inhalt einer zweistündigen Vorlesung dar, die ich unter dem Titel *Elementarmathematik vom höheren Standpunkt aus* im Sommersemester 1951 an der Universität Zürich hielt.

Es handelt sich hier um eine für Anfänger verständliche Einführung; sie geht bis zur vollständigen Übersicht der Gebilde dritter Ordnung bzw. Klasse und bringt noch Erzeugungsprinzipien für Gebilde höherer Art. Doch wird auch der Kenner Neues (zum Beispiel Beweis eines bei VON STAUDT angegebenen allgemeinen Satzes, Eigenschaften offener singularitätenfreier Bögen, Konstruktionen der Gebilde dritter Ordnung bzw. Klasse mit Hilfe von Eilinien) finden. Ich habe ferner Wert darauf gelegt, mit Hilfe vieler Zeichnungen eine möglichst anschauliche Darstellung zu bieten. Einige am Schluss beigefügte Aufgaben mögen zur selbständigen Beschäftigung anregen.

Herr Prof. Dr. B. L. VAN DER WAERDEN hatte die Liebenswürdigkeit, das Manuskript durchzulesen und mir zu manchen Einzelheiten wichtige Bemerkungen zu machen. Den Aufbau der Axiome **Dd** bis **Gg** verdanke ich im Wesentlichen seiner brieflichen Mitteilung. Sein Vorschlag, einen singularitätenfreien elementaren Bogen als Spiralenbogen zu bezeichnen, war mir willkommen. Ich möchte ihm an dieser Stelle meinen herzlichen Dank für seine Hilfe aussprechen.

Die Herren Prof. Dr. P. BUCHNER und Dr. H. RAMSER haben mich beim Lesen der Korrekturabzüge unterstützt und mir hierbei wertvolle Hinweise gegeben. Auch ihnen sage ich für ihre Mitarbeit herzlichen Dank.

Wenn die folgenden Ausführungen das Interesse eines größeren Kreises auf das hier behandelte Gebiet zu lenken vermögen, so ist ihr Hauptzweck erreicht.

29. Oktober 1951, L. LOCHER-ERNST

1 Grundlagen

Wir geben in diesem vorbereitenden Kapitel die einfachen Sätze an, die zur Entwicklung der freien Geometrie der Kurven nachher zu Hilfe gezogen werden. Die Sätze **A** und **a, B** und **b** usw. bis **I** und **i** betrachten wir als Grundsätze, als Urphänomene, die wir nicht auf einfachere Sachverhalte zurückführen.

Die Grundelemente in der ebenen Geometrie sind der *Punkt* und die *Gerade* (statt «Gerade» brauchen wir auch das Wort «Strahl»). Wir geben keine Definition dieser Gebilde, sondern schildern einfach, welche Beziehungen zwischen ihnen bestehen. Im logischen Aufbau werden dann diese Beziehungen in mannigfaltige Verbindungen gebracht.

A Die Ebene enthält unbegrenzt viele Punkte; sie erscheint so als *Punktfeld.*

B In jeder Geraden liegen unbegrenzt viele Punkte; die Gerade erscheint so als Träger einer *Punktreihe.*

C Zwei Punkte bestimmen eine und nur eine Gerade, die durch beide Punkte geht.

a Die Ebene enthält unbegrenzt viele Geraden; sie erscheint so als *Strahlenfeld.*

b Durch jeden Punkt gehen unbegrenzt viele Geraden; der Punkt erscheint so als Träger eines *Strahlenbüschels.*

c Zwei Geraden bestimmen einen und nur einen Punkt, der in beiden Geraden liegt.

Diese Grundsätze bedürfen, außer **c**, keiner näheren Erläuterung. Im Vorstellungsraum, das heißt in dem Bilde, das wir uns mit unserer Fähigkeit des Vorstellens von den Begriffen Ebene, Gerade usw. erzeugen, ist Grundsatz **c** nicht durchwegs erfüllt. Das gewöhnliche Vorstellen führt dazu, von «parallelen» Geraden zu sprechen, die *keinen* Schnittpunkt besitzen. Bringt man sich zum Bewusstsein, dass man vom Vorstellungsraum nicht verlangen darf, alles Wesentliche eines Denkinhaltes zum Ausdruck bringen zu können, so wird man mehr auf die Begriffe selbst achten. Es wird sich nun zeigen, dass der Verzicht auf die allgemeine Gültigkeit von **c** eine nicht wieder zu behebende Störung im Gesamtaufbau zur Folge hätte. Es ist vernünftig, im Reich der Begriffe auch **c** unbeschränkt anzuerkennen. Etwas nicht vorstellen können ist nicht dasselbe wie etwas nicht denken können. Jedermann weiß, dass man den Schnittpunkt paralleler Geraden als «unendlichfernen» oder «uneigentlichen» Punkt von den eigentlichen Punkten unterscheidet. **C** besagt, dass auch zwei solche uneigentliche Punkte eine Gerade bestimmen: die «unendlichferne» oder «uneigentliche» Gerade der Ebene. Man kann, von einer Ebene im Vorstellungsraum ausgehend, diese durch Einführen der uneigentlichen Punkte als ideelle Gebilde zu der *projektiven Ebene* ergänzen, welche sowohl als Punktfeld als auch als Strahlenfeld ein in sich geschlossenes Gebilde darstellt. Wir gehen hier aber so vor, dass wir durch die Grundsätze **Aa, Bb, Cc** von vornherein von der geschlossenen Ebene ausgehen. Es wird sich oft die Gelegenheit bieten, das Verhältnis der projektiven Ebene zum Vorstellungsraum im Einzelnen zu erläutern.

Bevor wir die weiteren Axiome formulieren, schildern wir vorbereitend einige anschauliche Sachverhalte. Die Punkte einer Punktreihe können von einem gegebenen Punkt *A* aus als Anfangspunkt «durchlaufen» werden bis zurück nach *A,* derart, dass jeder von *A* verschiedene Punkt genau einmal angetroffen wird. Es ist klar, was gemeint ist, wenn wir sagen, dieses Durchlaufen weise keine Sprünge und keine Änderungen des Bewegungssinnes auf. Die Geschwindigkeit spielt für uns hier keine Rolle. Es genügt uns, dass die Punktreihe von *A* aus irgendwie durchlaufen werde. Entsprechend können die Strahlen eines Strahlenbüschels von einem Anfangsstrahl *a* aus «durchlaufen» werden. Da die folgenden Axiome für Punktreihen und Strahlenbüschel gemeinsam gelten, sprechen wir statt von einem Punkte oder von einem Strahl kurz von einem *Element.* Wir werden nun den Begriff des *Durchlaufens* einer Punktreihe oder eines Strahlenbüschels nicht direkt definieren, sondern gewisse anschaulich ohne weiteres einleuchtende Axiome für diesen Begriff formulieren, das heißt Beziehungen dieses Begriffes zu anderen als bekannt vorausgesetzten Begriffen herstellen. Zu den Letzteren gehört der Begriff einer *Reihenfolge* einer endlichen Anzahl von Dingen, das heißt deren Nummerierung. Die Begriffe *Bewegungssinn, zwischen* und *Sichtrennen* werden wir dann definieren können.

Dd Zu jedem Durchlaufen einer Punktreihe oder eines Strahlenbüschels vom Element *A* aus gibt es ein entgegengesetztes Durchlaufen von *A* aus mit der folgenden Eigenschaft: Werden zwei beliebige Elemente *B* und *C* beim ersten Durchlaufen in der Reihenfolge *BC* angetroffen, so werden sie beim entgegengesetzten Durchlaufen in der Reihenfolge *CB* angetroffen.

Erklärung: Sind *A, B, C* drei verschiedene Elemente einer Punktreihe oder eines Strahlenbüschels und werden bei einem Durchlaufen von *A* aus die Elemente *B* und *C* in der Reihenfolge *BC* angetroffen, so sagen wir, das Durchlaufen habe den *Bewegungssinn ABC.* Den Bewegungssinn *ACB* nennen wir *entgegengesetzt* zum Bewegungssinn *ABC.*

Statt Bewegungssinn *ABC* eines Durchlaufens einer *Punktreihe* von *A* aus sagen wir auch *Richtungssinn ABC* des Durchlaufens von *A* aus. Statt Bewegungssinn *abc* eines Durchlaufens eines *Strahlenbüschels* von *a* aus sagen wir auch *Drehsinn abc* des Durchlaufens von *a* aus.

Ee Wenn das Anfangselement *A* und der Bewegungssinn *ABC* eines Durchlaufens gegeben sind, so ist damit die Reihenfolge, in der irgendeine endliche Anzahl von Elementen angetroffen wird, eindeutig bestimmt.

Das soll, ausführlicher erklärt, folgenden Sachverhalt ausdrücken: Sind außer A endlich viele (mindestens zwei) weitere Elemente $B, C, D, E, \ldots$ der Punktreihe bzw. des Strahlenbüschels gegeben, so gibt es eine einzige Nummerierung dieser Elemente, etwa $P_1P_2P_3P_4 \ldots$, derart, dass beim Durchlaufen von A aus im Bewegungssinn ABC die Elemente $B, C, D, E, \ldots$ in der durch $P_1P_2P_3P_4 \ldots$ dargestellten Reihenfolge angetroffen werden.

Erklärung: Die Reihenfolge $AP_1P_2P_3P_4 \ldots$ heißt die zum Anfangselement A und zum Bewegungssinn ABC gehörige *natürliche Reihenfolge* der Elemente $A, B, C, D, E, \ldots$

Erklärung: Ist $ABXC$ eine natürliche Reihenfolge, so sagen wir, dass X bezüglich A *zwischen* B und C liegt, oder auch, dass B und C durch A und X *getrennt* werden.

Folgerung 1: Sind B und C durch A und X getrennt, so sind auch C und B durch A und X getrennt.

Beweis: Die natürliche Reihenfolge $ABXC$ gehört zum Bewegungssinn ABC. Wegen **Dd** liefert das entgegengesetzte Durchlaufen im Bewegungssinn ACB die natürliche Reihenfolge $ACXB$. Nach obiger Erklärung werden somit C und B durch A und X getrennt. ■

Ff Sind A, B, C drei beliebige Elemente einer Punktreihe oder eines Strahlenbüschels, so gibt es unbegrenzt viele Elemente X, die bezüglich A zwischen B und C liegen.

Gg Es sei

$$AA_1A_2\ldots A_kBB_1B_2\ldots B_lCC_1C_2\ldots C_m$$

eine zum Anfangselement A und zum Bewegungssinn ABC gehörige natürliche Reihenfolge von Elementen. Wird nun die Punktreihe bzw. das Strahlenbüschel von B aus im Bewegungssinn BCA durchlaufen, so stellt die Reihenfolge

$$BB_1B_2\ldots B_lCC_1C_2\ldots C_mAA_1A_2\ldots A_k$$

die zugehörige natürliche Reihenfolge jener Elemente dar.

Dieser Sachverhalt veranlasst und erlaubt uns, die Bewegungssinne ABC und BCA und CAB als *einander gleich* zu bezeichnen. Der Bewegungssinn ACB oder CBA oder BAC ist der entgegengesetzte Bewegungssinn. (Anmerkung: Die erklärte Gleichheitsbeziehung erfüllt die drei Forderungen, die an eine solche Beziehung gestellt werden: sie ist reflexiv, symmetrisch und transitiv.)

Folgerung 2: Wenn B und C durch A und X getrennt werden, so werden auch B und C durch X und A sowie A und X durch B und C getrennt.

Beweis: Nach Voraussetzung ist $ABXC$ eine natürliche Reihenfolge. Wegen **Gg** sind auch $BXCA$ und $XCAB$ und $CABX$ natürliche Reihenfolgen.

Nach Erklärung werden also *X* und *A* durch *B* und *C* sowie *C* und *B* durch *X* und *A* sowie *A* und *X* durch *C* und *B* getrennt. Wegen Folgerung 1 darf man die Elemente des getrennten Elementenpaares vertauschen. ■

Die beiden Elementenpaare *A, X* und *B, C* verhalten sich bezüglich des Sichtrennens genau gleich, es kommt auch nicht auf die Reihenfolge der Paarung an. Wir dürfen somit von den *sich trennenden Elementenpaaren A, X* und *B, C* oder *X, A* und *B, C* usw. sprechen. Solche sich trennende Elementenpaare bezeichnen wir auch mit *AX.BC*.

H Verbindet man die Punkte einer Punktreihe mit einem Punkt, der nicht auf der Trägergeraden der Punktreihe liegt, so liefert jede natürliche Reihenfolge von Punkten der Punktreihe auch eine natürliche Reihenfolge der entsprechenden Verbindungsgeraden.

Verbindet man zwei sich trennende Punktpaare *AC.BX* mit einem Punkte *S*, der nicht auf der Geraden *AB* liegt, so stellen die Verbindungsgeraden *SA, SC* und *SB, SX*, kurz *S*(*AC.BX*), sich trennende Strahlenpaare dar.

h Schneidet man die Strahlen eines Strahlenbüschels mit einer Geraden, die nicht durch den Trägerpunkt des Strahlenbüschels geht, so liefert jede natürliche Reihenfolge von Strahlen des Strahlenbüschels auch eine natürliche Reihenfolge der entsprechenden Schnittpunkte.

Schneidet man zwei sich trennende Strahlenpaare *ac.bx* mit einer Geraden *s*, die nicht durch den Punkt *ab* geht, so stellen die Schnittpunkte *sa, sc* und *sb, sx*, kurz *s*(*ac.bx*), sich trennende Punktpaare dar.

Ii Die Punktreihe und das Strahlenbüschel sind stetige Gebilde (Axiom der Stetigkeit oder Axiom der Lückenlosigkeit). Damit soll folgender Sachverhalt bezeichnet sein:

I Es sei *A* ein beliebiger Punkt einer Punktreihe. Mit sämtlichen übrigen Punkten der Punktreihe werde eine Teilung in zwei Teilmengen von Punkten *X* und *Y* vorgenommen, derart, dass jeder Punkt genau einer der Teilmengen angehört und dass *AXY* stets denselben Richtungssinn darstellt. Es existiert dann entweder unter den Punkten *X* oder unter den Punkten *Y* stets genau ein Punkt *L*, für den *AXLY* eine natürliche Folge darstellt, wie auch *X* und *Y* (nur verschieden von *L*) gewählt werden.

i Es sei *a* ein beliebiger Strahl eines Strahlenbüschels. Mit sämtlichen übrigen Strahlen des Strahlenbüschels werde eine Teilung in zwei Teilmengen von Geraden *x* und *y* vorgenommen, derart, dass jede Gerade genau einer der Teilmengen angehört und dass *axy* stets denselben Drehsinn darstellt. Es existiert dann entweder unter den Strahlen *x* oder unter den Strahlen *y* stets genau eine Gerade *l*, für die *axly* eine natürliche Folge darstellt, wie auch *x* und *y* (nur verschieden von *l*) gewählt werden.

Auf andere Art ausgedrückt, kann man sagen: Es ist unmöglich, *sämtliche* von *A* verschiedenen Punkte in zwei Teilmengen von Punkten *X* und *Y* zu zerlegen, so dass *AXY* stets denselben Richtungssinn bestimmen und weder die Menge (*X*) ein «letztes» noch die Menge (*Y*) ein «erstes» Element besitzen würden.

Wenn man sich den Inhalt der Grundsätze **Aa** bis **Ii** zum Bewusstsein bringt, so sagt man sich, dass im Grunde einfache Sachverhalte in ausführlichen Worten beschrieben seien, abgesehen vom Grundsatz **c,** der uns zu einigen Bemerkungen veranlasste. Umso erstaunlicher ist es, dass sich – wie wir sehen werden – durch geeignete Verbindung dieser einfachen Sachverhalte so reichhaltige Gesetzmäßigkeiten im Gebiete der Formen ergeben.

Die aufgestellten Grundsätze zeigen eine vollkommene Symmetrie, die wir schon äußerlich durch die entsprechenden Bezeichnungen **A, a** und **B, b** usw. sichtbar machen. Sie ist eine Folge des umfassenden *Polaritätsgesetzes* im Raume (Gesetz der Dualität, wie man meist sagt – die Worte «Dualität» und «dual» klingen für den umfassenden Sachverhalt zu farblos). Würden wir **c** nicht unbeschränkt gelten lassen, so wäre die Polarität zerstört. Da die folgenden Untersuchungen im sinnvollen Zusammenfügen der in sich polar gebauten Grundsätze bestehen, werden alle Ergebnisse dem Gesetz der Polarität entsprechen. Dieser Umstand erlaubt es, an dieser Stelle auf eine nähere Erläuterung zu verzichten.

Es wäre, vom rein logischen Gesichtspunkt aus betrachtet, möglich, die Grundsätze, aus denen wir das Weitere entwickeln, ihrem Inhalt nach zu reduzieren. Diese Reduktion, ein an sich interessantes Problem, würde uns hier zu weit führen und stellt eine Aufgabe dar, die außerhalb unserer Zielsetzung steht.

1A *Zwei Punkte A, B zerlegen die Verbindungsgerade AB als Punktreihe in zwei Segmente (Strecken); jeder Punkt X des einen Segmentes wird von jedem Punkt Y des anderen Segmentes durch A, B getrennt.*

1a *Zwei Geraden a, b zerlegen den Schnittpunkt ab als Strahlenbüschel in zwei vollständige Winkel; jeder Strahl x des einen vollständigen Winkels wird von jedem Strahl y des anderen vollständigen Winkels durch a, b getrennt* (Figur 1).

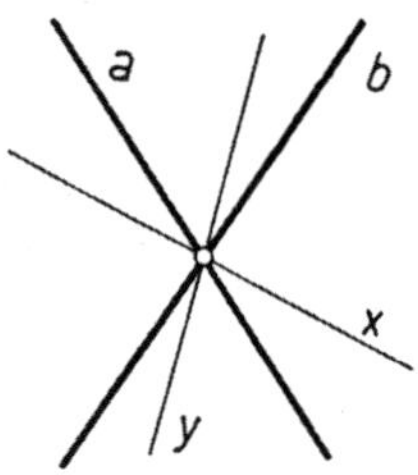

Figur 1

Was wir unter einem *vollständigen Winkel* verstehen, ergibt sich aus dem Inhalt des Satzes **1a.**

Beweis von **1A:** Es sei C ein von A und B verschiedener beliebiger Punkt der Punktreihe AB. Wir durchlaufen die Punktreihe von A aus im Richtungssinn ABC. Alle Punkte, außer A, die beim Durchlaufen *vor* B angetroffen werden, bilden das eine Segment; alle übrigen Punkte, außer B, das andere Segment. Ist nun X ein Punkt des ersten und Y ein Punkt des zweiten Segmentes, so ist $AXBY$ eine natürliche Reihenfolge, also sind A, B und X, Y sich trennende Punktepaare. ■

Wir unterscheiden die beiden Segmente und die beiden vollständigen Winkel durch die Bezeichnungen AB_+ und AB_- bzw. ab_+ und ab_-.

Die Aussage «zwei Punkte U, V und zwei Geraden u, v trennen sich» soll den folgenden Sachverhalt kurz zum Ausdruck bringen: Die Punkte U, V werden durch die Schnittpunkte der beiden Geraden u, v mit der Verbindungsgeraden UV getrennt.

Nach **Hh** ist das gleichbedeutend mit der Aussage: Die Geraden u, v werden durch die Verbindungsgeraden der beiden Punkte U, V mit dem Schnittpunkt uv getrennt.

2Aa *Wenn sich die Punkte U, V und die Geraden u, v trennen, so wird jeder nicht auf u oder v liegende Punkt X durch u, v von genau einem der beiden Punkte U, V getrennt; und jede nicht durch U oder V gehende Gerade x wird durch U, V von genau einer der beiden Geraden u, v getrennt* (Figur 2).

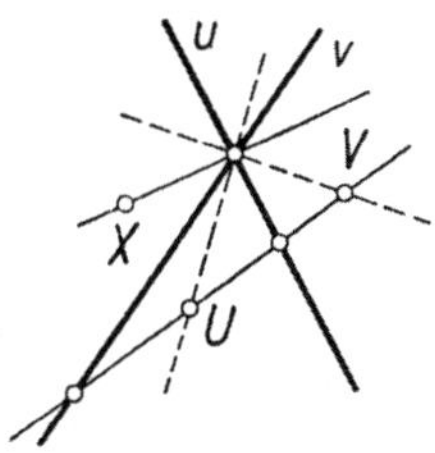

Figur 2

Beweis: S sei der Schnittpunkt von u und v. Den vollständigen Winkel, der SU enthält, bezeichnen wir mit uv_+. Die Gerade SV gehört dann zu uv_-. Nach Satz **1a** gehört SX entweder zu uv_+ oder zu uv_-, woraus sich der erste Teil der Behauptung ergibt. Den zweiten Teil erhält man entsprechend mit **1A.** ■

Aus **2Aa** folgen sofort die Sätze **3Aa:**

3A *Zwei Geraden a, b zerlegen die Ebene als Punktfeld in zwei Gebiete (Winkelfelder).*

3a *Zwei Punkte A, B gliedern die Ebene als Strahlenfeld in zwei Bereiche (Segmentbereiche).*

Zwei Punkte gehören dann und nur dann zum gleichen Gebiet, wenn sie durch *a, b* voneinander nicht getrennt werden. Bezeichnen wir den einen der beiden durch *a, b* bestimmten vollständigen Winkel mit ab_+, den anderen mit ab_-, so können wir sagen: Das eine Gebiet enthält alle Punkte, welche auf Strahlen des vollständigen Winkels ab_+ liegen, entsprechend das andere Gebiet alle Punkte, welche auf Strahlen von ab_- liegen (Figur 3). Die Punktreihen *a, b* bilden die Grenzen der beiden Gebiete. Die Punkte auf *a* und *b* gehören aber keinem der Gebiete an.

Zwei Geraden gehören dann und nur dann zum gleichen Bereich, wenn sie durch *A, B* voneinander nicht getrennt werden. Bezeichnen wir das eine der beiden durch *A, B* bestimmten Segmente mit AB_+, das andere mit AB_-, so können wir sagen: Der eine Bereich enthält alle Geraden, welche durch Punkte des Segmentes AB_+ gehen, entsprechend der andere Bereich alle Geraden, welche durch Punkte von AB_- *gehen* (Figur 4). Die Strahlenbüschel *A, B* bilden die Grenzen der beiden Bereiche. Die Strahlen durch *A* und *B* gehören aber keinem der Bereiche an.

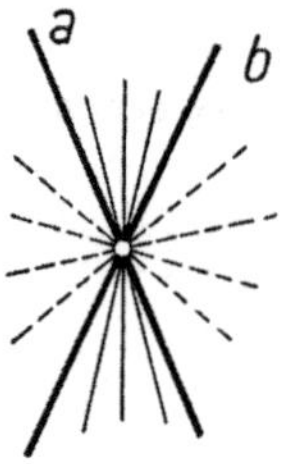

Figur 3

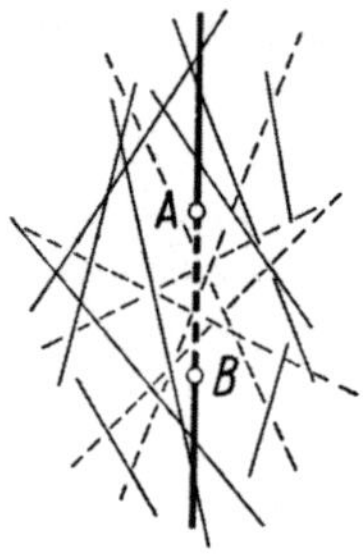

Figur 4

Beweis: Die Sätze **3 Aa** ergeben sich unmittelbar aus **1 Aa** und **2 Aa.** ■

Bemerkung: Wir werden im Folgenden der Übersicht wegen durchwegs das Wort «Gebiet» für *Punktmengen* und das Wort «Bereich» für *Strahlenmengen* verwenden.

Vier Punkte *A, B, C, O,* von denen keine drei derselben Geraden angehören, bilden ein *vollständiges Viereck.* Seine *sechs* Seiten *AB, AC, AO, BC, BO, CO* schneiden sich außer in den Vierecksecken noch in den *drei Nebenecken* (*AO, BC*) = *D,* (*BO, CA*) = *E,* (*CO, AB*) = *F.* Die Nebenecken bilden das *Nebendreieck* des vollständigen Vierecks (Figur 5).

Vier Geraden *a, b, c, o,* von denen keine drei durch denselben Punkt gehen, bilden ein *vollständiges Vierseit.* Seine *sechs* Ecken *ab, ac, ao, bc, bo, co* bestimmen außer den Seiten *a, b, c, o* noch *drei Nebenseiten* (*ao, bc*) = *d,* (*bo, ca*) = *e,* (*co, ab*) = *f.* Die Nebenseiten bilden das *Nebendreiseit* des vollständigen Vierseits.

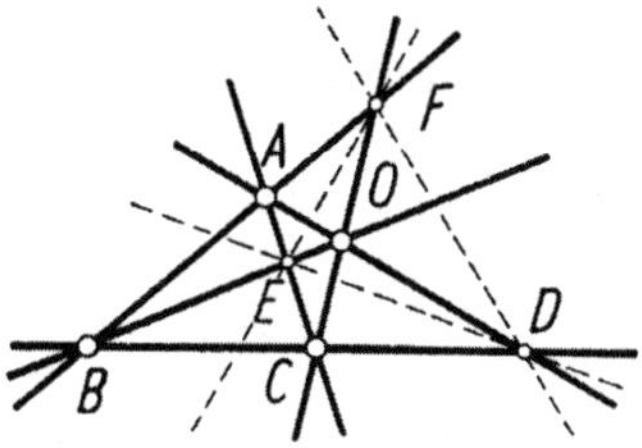

Figur 5

Zu den schönsten Sachverhalten der ebenen Geometrie gehört nun der folgende Satz (dessen Schätzung man freilich erst lernen muss):

4 A *Zwei Nebenecken eines vollständigen Vierecks werden durch die Vierecksseiten, die durch die dritte Nebenecke gehen, getrennt.*

4 a *Zwei Nebenseiten eines vollständigen Vierseits werden durch die Vierecksecken, die auf der dritten Nebenseite liegen, getrennt.*

Beweis von **4 A**: Um dies zu zeigen, das heißt auf die Grundsätze zurückzuführen, genügen zwei Hilfslinien. Zunächst beachten wir, dass es genügt, den Sachverhalt zum Beispiel für die Vierecksseiten durch die Nebenecke *F* zu erkennen. Es ist also zu zeigen, dass die Vierecksseiten *FAB, FOC* durch die Nebenecken *D, E* getrennt werden. Ist *S* der Schnittpunkt von *FE* mit *BC,* so ist somit zu beweisen, dass *B, C* und *S, D* sich trennen. Hierin ist auch die Tatsache enthalten, dass die drei Nebenecken *D, E, F* nicht in einer Geraden liegen können (Figuren 6 und 7).

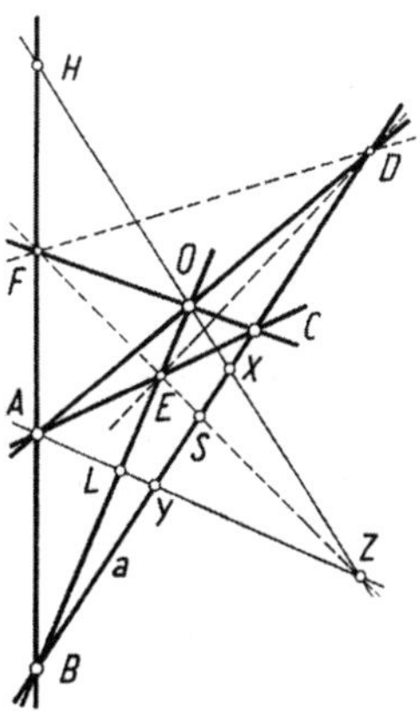

Figur 6

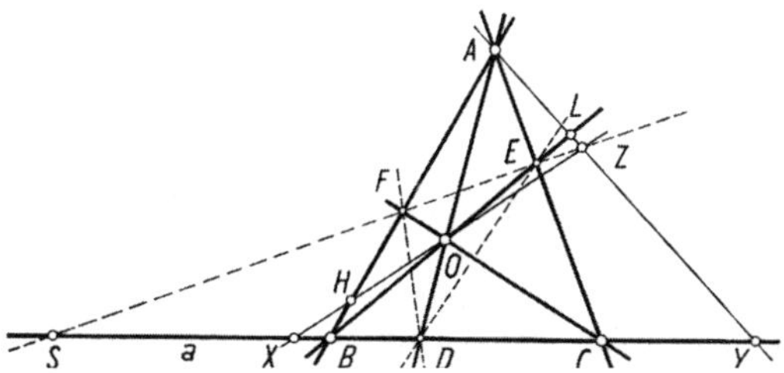

Figur 7

Wir wählen einen Hilfspunkt H auf AB derart, dass B, F und A, H sich trennen. Die Gerade HO treffe $BC = a$ in X und FE in Z; die Gerade ZA schneide BO in L und $BC = a$ in Y.

Schnitt der vier sich trennenden Strahlen $O(BF.AH)$ mit a liefert nach **Hh** die sich trennenden Paare $BC.DX$.

Schnitt von $Z(BF.AH)$ mit BO ergibt die sich trennenden Paare $BE.LO$, also liefert der Schnitt von $A(BE.LO)$ mit a die sich trennenden Paare $BC.YD$.

Es sei a_+ das Segment BC, das D nicht enthält, a_- dasjenige, auf dem D liegt. Aus $BC.DX$ und $BC.YD$ folgt, dass sowohl X als auch Y auf a_+ liegt.

Nunmehr zeigt sich aber sofort, dass auch S auf a_+ liegt. In der Tat liefert der Schnitt der vier Strahlen $Z(BF.AH)$ mit a die sich trennenden Paare $BS.YX$. Das heißt, S liegt zwischen X und Y in Bezug auf B. Das ist für einen Punkt auf a_- unmöglich. Also gehört S zu a_+.

Damit ist erstens gezeigt, dass S und D nicht zusammenfallen können, das heißt, dass die Nebenecken D, E, F nicht derselben Geraden angehören können. Aus den sich trennenden Paaren $BC.SD$ ergibt sich zweitens, dass die Seiten FAB, FOC von FS, FD, also auch von den Punkten D und E getrennt werden. ■

5 A *Drei nicht durch einen Punkt gehende Geraden a, b, c zerlegen die Ebene als Punktfeld in vier dreiseitige Gebiete.*

Hierbei gehören zwei Punkte X, Y dann und nur dann zum gleichen Gebiet, wenn sie durch keine zwei der drei Geraden a, b, c voneinander getrennt werden. Jedes dieser vier Gebiete wird durch je drei Segmente begrenzt, die wir die *Grenzsegmente* des Gebietes nennen. Die Punkte der Grenzsegmente zählen aber nicht zu den Punkten des von ihnen begrenzten Gebietes.

5 a *Drei nicht in einer Geraden liegende Punkte A, B, C gliedern die Ebene als Strahlenfeld in vier dreieckige Bereiche.*

Hierbei gehören zwei Strahlen x, y dann und nur dann zum gleichen Bereich, wenn sie durch keine zwei der drei Punkte A, B, C voneinander getrennt werden. Jeder dieser vier Bereiche wird durch je drei vollständige Winkel begrenzt, die wir die *Grenzwinkel* des Bereiches nennen. Die Strahlen der Grenzwinkel zählen aber nicht zu den Geraden des von ihnen begrenzten Bereiches.

Beweis von **5 A**: Man nehme einen beliebigen Punkt O an, der keiner der drei Geraden a, b, c angehört (Figuren 8 und 9). Diejenigen vollständigen Winkel in den Punkten $A = bc$, $B = ca$, $C = ab$, denen die Verbindungsgeraden AO, BO, CO angehören, bezeichnen wir mit A_+, B_+, C_+, die ergänzenden vollständigen Winkel mit A_-, B_-, C_-.

Ist P nun irgendein Punkt, der auf keiner der Geraden a, b, c liegt, so prüfen wir, welchen vollständigen Winkeln die Strahlen AP, BP, CP (in dieser Reihenfolge) angehören. Dem Punkte P geben wir dann die entsprechende Signatur. Zum Beispiel bedeutet die Signatur $+--$, dass es sich um einen Punkt *P* handelt, für den *PA* zu A_+, *PB* zu B_- und *PC* zu C_- gehört.

Es zeigt sich, dass jeder Punkt *P*, der auf keiner der Geraden *a, b, c* liegt, eine der folgenden vier Signaturen besitzt: + + +, + − −, − + −, − − +. Andere Fälle (zum Beispiel + + −) sind ausgeschlossen.

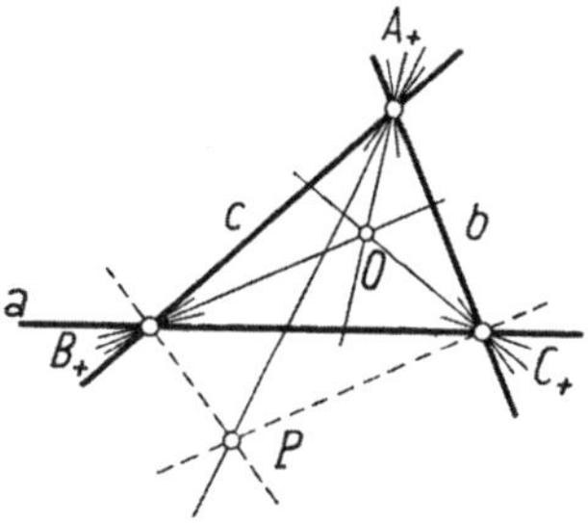

Figur 8

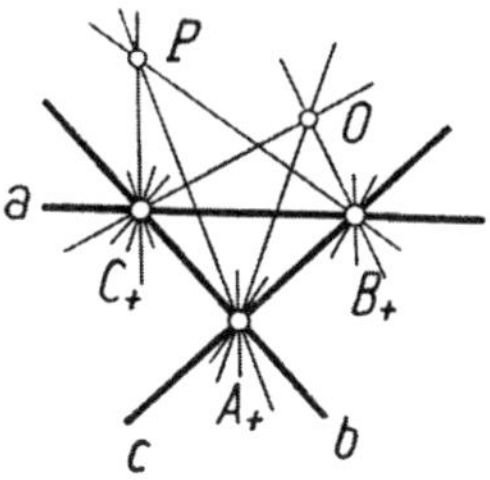

Figur 9

In der Tat, nehmen wir zunächst einen Strahl in A_+ und einen Strahl in B_+ an. Es ist zu zeigen, dass ihr Schnittpunkt *P* notwendig dem Winkelfeld C_+ angehört. Nach Voraussetzung werden die Punkte *O, P* weder durch *b, c* noch durch *c, a* getrennt. Würden nun *O, P* durch *a, b* getrennt, so müsste nach Satz **2Aa** die Gerade *c* durch *O, P* notwendig entweder von *a* oder von *b* getrennt werden. Beides ist nach Voraussetzung nicht der Fall. Somit trennen sich *O, P* und *a, b* nicht, also gehört *CP* zu C_+ und *P* hat die Signatur + + +.

Nehmen wir aber einen Strahl in A_+ und einen Strahl in B_-, so ist zu zeigen, dass ihr Schnittpunkt *P* notwendig zu C_- gehört. Nach Voraussetzung werden die Punkte *O, P* durch *b, c* nicht getrennt, hingegen durch *c, a* getrennt. Aus Letzterem folgt, dass die Gerade *b* nach Satz **2Aa** durch *O, P* entweder von *c* oder von *a* getrennt wird. Da nach Voraussetzung Ersteres nicht zutrifft, wird *b* durch *O, P* von *a* getrennt. Also hat *P* die Signatur + − −. Dieselbe Überlegung liefert noch die Möglichkeiten − + − und − − +. ■

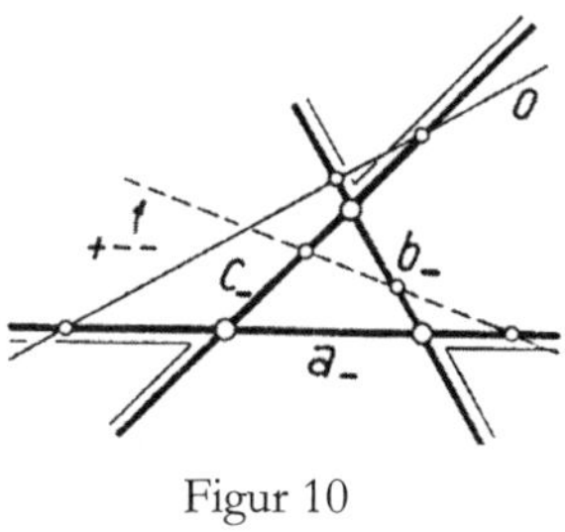

Figur 10

Beweis von **5 a**: Polar zum Beweis von **5 A** (Figur 10). Um die Bereiche zu signieren, nehmen wir eine beliebige Gerade *o* an, die durch keinen der drei Punkte *A, B, C* geht. Diejenigen Segmente auf den Geraden $a = BC$, $b = CA$, $c = AB$, denen die Schnittpunkte *ao, bo, co* angehören, bezeichnen wir mit a_+, b_+, c_+, die ergänzenden Segmente mit a_-, b_-, c_-.

Ist *f* nun irgendeine Gerade, die durch keinen der Punkte *A, B, C* geht, so prüfen wir, welchen Segmenten die Punkte *af, bf, cf* (in dieser Reihenfolge) angehören. Der Geraden *f* geben wir dann zum Beispiel die Signatur $+--$, wenn *fa* zu a_+, *fb* zu b_- und *fc* zu c_- gehört. Es zeigt sich durch die zur obigen polare Überlegung, dass nur die folgenden vier Signaturen möglich sind: $+++$, $+--$, $-+-$, $--+$. ■

Drei Geraden *a, b, c,* die nicht durch einen Punkt gehen, bestimmen drei Punkte $A = bc$, $B = ca$, $C = ab$, die nicht auf einer Geraden liegen; und umgekehrt sind durch *A, B, C* die drei Geraden $a = BC$, $b = CA$, $c = AB$ bestimmt. Es stellt sich somit die naheliegende Frage, in welcher Beziehung die durch *a, b, c* bestimmten Punktgebiete zu den durch *A, B, C* bestimmten Strahlenbereichen stehen. In der Tat zeigt sich hier eine merkwürdige Gesetzmäßigkeit.

Wir richten zur Untersuchung die Aufmerksamkeit auf die Grenzsegmente der vier dreiseitigen Punktgebiete und auf die Grenzwinkel der vier dreieckigen Strahlenbereiche.

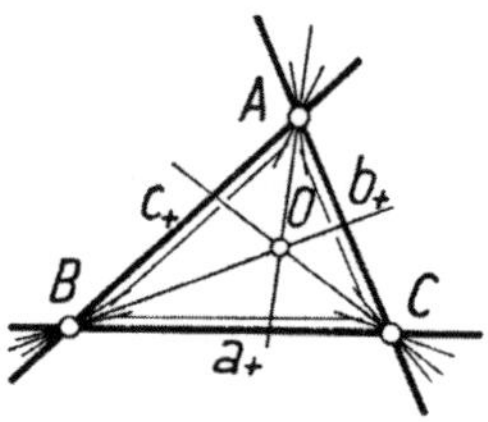

Figur 11

Zunächst betrachten wir die vier durch *a, b, c* bestimmten *dreiseitigen Punktgebiete* (Figur 11). Durch Wahl eines Bezugspunktes *O* erhalten die Punkte der vier Gebiete bestimmte Signaturen. Wir wollen die Grenzsegmente des Gebietes $+++$ je mit dem Pluszeichen signieren, die ergänzenden Segmente mit dem Minuszeichen. Nun wird eine Gerade *p,* die durch keine Ecke des Dreiseits *abc* geht, die Geraden *a, b, c* (in dieser Reihenfolge) entweder in den mit + oder den mit − signierten Segmenten treffen. Es gilt:

6 A *Eine Gerade, die durch keine Ecke eines dreiseitigen Punktgebietes geht, schneidet entweder keines oder genau zwei der Grenzsegmente des Gebietes.*

6 a *Ein Punkt, der in keiner Seite eines dreieckigen Strahlenbereiches liegt, gehört entweder zu keinem oder genau zu zwei der Grenzwinkel des Bereiches.*

Während für einen Punkt, der nicht auf einer der Geraden *a, b, c* liegt, die vier Möglichkeiten + + +, + − −, − + −, − − + bestehen, kommen für eine Gerade, die nicht durch eine der Ecken *A, B, C* geht, als geschnittene Segmente genau die vier Möglichkeiten − − −, − + +, + − +, + + − in Betracht. (Als Spezialfall sagt **6 A** für das in der Schulgeometrie einzig betrachtete Dreieck, dass eine Gerade, die durch keine Dreiecksecke geht, entweder keine oder genau zwei Seiten des Dreiecks schneidet.)

Hat man mit Hilfe einer beliebigen Bezugsgeraden *o,* die durch keine Ecke geht, die Signatur der Segmente auf *a, b, c* vorgenommen und signiert die Grenzwinkel des Strahlenbereiches + + + je mit dem Pluszeichen, die ergänzenden vollständigen Winkel mit dem Minuszeichen, so gelten für eine Gerade, die durch keine Ecke geht, die vier Möglichkeiten + + +, + − −, − + −, − − +. Für einen Punkt, der auf keiner der Geraden *a, b, c* liegt, kommen dann genau die vier Möglichkeiten − − −, − + +, + − +, + + − in Betracht.

Beweis von **6 A:** [Wir betrachten das durch *A, B, C* sowie *O* bestimmte vollständige Viereck (Figur 12) mit den Nebenecken *D, E, F.*] Wählen wir zuerst eine Gerade *p,* die *BC_* und *CA_* trifft. Wir brauchen hierzu nur einen Punkt *U* auf BC_ und einen Punkt *V* auf *CA_* anzunehmen; die Verbindungsgerade *p = UV* erfüllt dann die vorausgesetzte Bedingung. Wir haben nun zu zeigen, dass der Schnittpunkt *W* von *p* mit *c* notwendig auf *AB_* liegt.

Nach Voraussetzung trennen sich die Paare *B, C* und *D, U* sowie die Paare *C, A* und *E, V.* Die Punkte *T, M, N* seien die Schnittpunkte von *p* mit *FO* bzw. *FD, FE.* Schnitt der vier Strahlen *F(BC.DU)* mit *p* liefert die sich trennenden Paare *WT.MU,* Schnitt von *F(CA.EV)* ergibt die sich trennenden Paare *TW.NV.*

Das Paar *W, T* wird also sowohl durch *M, U* als auch durch *N, V* getrennt. Nun ist aber nach Satz **4 A** weiter ersichtlich, dass auch *W, T* und *M, N,* das heißt die Strahlen *FB, FC* und *FD, FE* sich trennen. Es sind nämlich *F, E,*

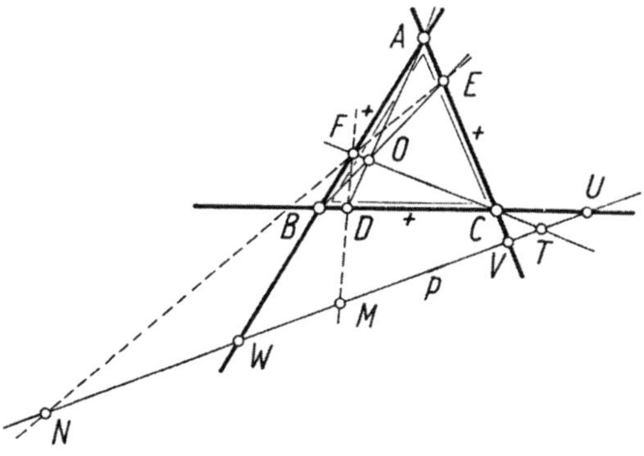

Figur 12

D die Nebenecken des vollständigen Vierecks *A, B, C, O; FB* und *FC* sind die Seiten durch die Nebenecke *F; D* und *E* sind die übrigen Nebenecken.

Aus *WT.MU* und *WT.NV* und *WT.MN* folgt, dass *N* und *U* beide demselben der durch *WT* bestimmten Segmente, ferner *M* und *V* beide dem anderen Segment angehören, dass also *W, T* und *U, V* sich trennen. Schnitt von *C*(*WT.UV*) mit *c* liefert *WF.BA*, das heißt, *W* liegt auf AB_-; was zu beweisen war.

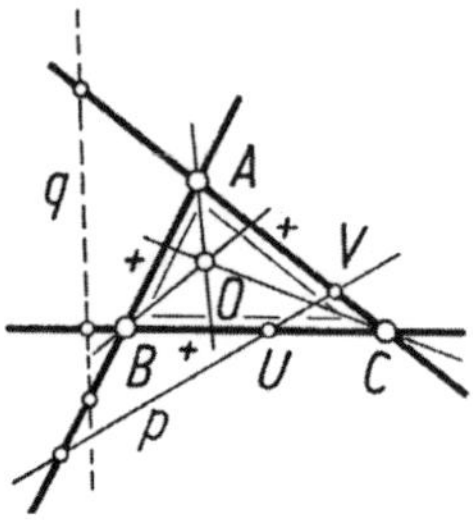

Figur 13

Wählen wir jetzt eine Gerade *p*, die BC_+ und CA_+ in *U* bzw. *V* trifft (Figur 13). Es ist dann zu zeigen, dass *p* notwendig AB_- schneidet. Wir nehmen eine Gerade *q* zu Hilfe, die BC_-, CA_- und AB_- trifft. Eine solche Gerade gibt es, wie wir soeben bewiesen haben. Nach Voraussetzung haben wir dann erstens: *p, q* und *B, C* trennen sich, und zweitens: *p, q* und *C, A* trennen sich. Nach Satz **2Aa** folgt aus Ersterem, dass der Punkt *A* durch *p, q* entweder von *B* oder von *C* getrennt wird. Wegen des zweiterwähnten vorausgesetzten Sachverhaltes ist *A* durch *p, q* von *C* getrennt. Somit trennen sich *p, q* und *A, B* nicht, das heißt, *p* schneidet AB_-. Genau so ergeben sich noch die Möglichkeiten $-++$ und $+-+$. ■

Wir können **6A** und **6a** zusammenfassend auch folgendermaßen aussprechen (Figuren 14 und 15):

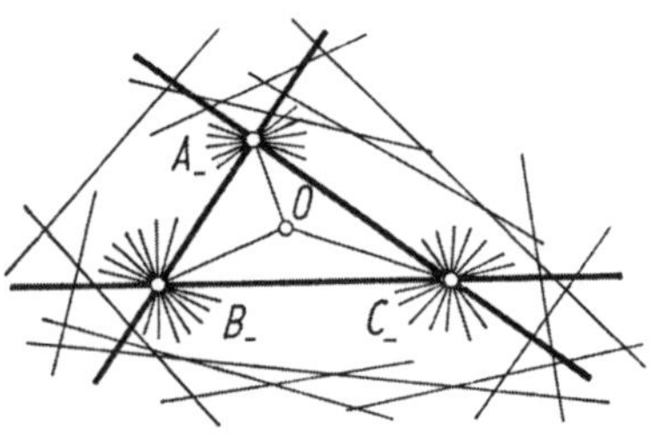

Figur 14

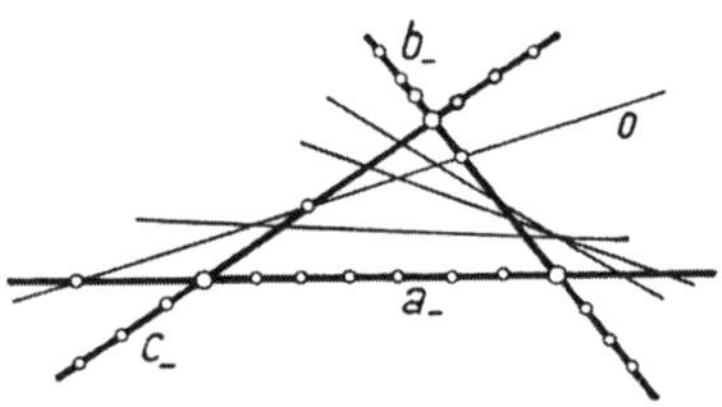

Figur 15

7A *Die* Punktgebiete $+++, +--, -+-, --+$ *werden je umschlossen von den Strahlenbereichen, deren Grenzwinkel die entsprechende entgegengesetzte Signatur* $---, -++, +-+, ++-$ *besitzen.*

7a *Die* Strahlenbereiche $+++, +--, -+-, --+$ *lassen als Aussparung je ein Punktgebiet, dessen Grenzsegmente die entsprechende entgegengesetzte Signatur* $---, -++, +-+, ++-$ *besitzen.*

Schließlich werden wir von dem folgenden Sachverhalt Gebrauch machen:

8A *Es seien A und B zwei Punkte einer Punktreihe, wobei B auch mit A zusammenfallen darf. Der Punkt U durchlaufe von A aus im einen Richtungssinn die Punktreihe bis B, der Punkt V durchlaufe gleichzeitig im entgegengesetzten Richtungssinn von B aus die Punktreihe bis A. Es gibt dann stets einen und nur einen Punkt L, in dem U und V zusammentreffen.*

8a *Es seien a und b zwei Geraden eines Strahlenbüschels, wobei b auch mit a zusammenfallen darf. Die Gerade u durchlaufe von a aus im einen Richtungssinn das Geradenbüschel bis b, die Gerade v durchlaufe gleichzeitig im entgegengesetzten Richtungssinn von b aus das Geradenbüschel bis a. Es gibt dann stets eine und nur eine Gerade l, in der u und v zusammentreffen.*

Beweis von **8A**: Nehmen wir mit den von A verschiedenen Punkten die folgende Teilung in zwei Teilmengen (X) und (Y) vor: In die erste Teilmenge (X) nehmen wir sämtliche Punkte X (außer A) auf, die bei der Bewegung von U in der Zeit getroffen werden, während der die von V erreichten Punkte noch so liegen, dass $AXVB$ eine natürliche Folge darstellt. In die Teilmenge (Y) nehmen wir alle von A und X verschiedenen Punkte. Nach **I** existiert dann ein Punkt L, so dass $AXLY$ stets eine natürliche Folge darstellt. Die Punkte U, V begegnen sich somit im Punkte L, der hier notwendig zu (Y) gehört. ■

Satz **8A** ist im Wesentlichen gleichbedeutend mit dem «Axiom der Lückenlosigkeit» **I**. Nur ist in der Fassung **I** der Begriff der Zeit nicht explizit enthalten.

2 Der elementare Bogen und die Elementarkurve

Von der Frage: *Was ist eine Kurve?* werden wir aus den im Vorwort genannten Gründen zu der Frage übergehen: *Was wollen wir unter einer Kurve verstehen?*

Der Beantwortung schicken wir eine unverbindliche Betrachtung voraus, die dazu dienen soll, die nachfolgende Begriffsbestimmung sofort überschauen zu können. Wir gehen von der Vorstellung aus, die sich jedermann von einer «Kurve» macht.

Durchläuft der Punkt X einen Bogen in einem beliebigen der beiden möglichen Durchlaufungssinne gegen die feste Stelle P hin (Figur 16), so bewegt sich die Verbindungsgerade PX in einer gewissen Weise. Fällt X auf P, so ist die Verbindungsgerade PX *unbestimmt.* Sobald X aber P überschritten hat, haben wir wieder eine bestimmte Gerade. Von einem «normal» verlaufenden Bogen erwarten wir den folgenden Sachverhalt: Die Gerade PX nähert sich je einer wohlbestimmten Grenzgeraden, wenn sich X von der einen oder von der anderen Seite her gegen P hin bewegt; ferner fallen diese beiden Grenzgeraden in *eine* Gerade. Diese stellt die *Tangente* im Punkte P dar. Wir sagen: Die Bewegung von PX hat eine *Lücke;* wenn nämlich X auf P fällt, wird die Verbindungsgerade PP unbestimmt. *Die Tangente soll diese Lücke schließen.*

Entsprechend können wir die Tangenten des Bogens von einer Geraden x durchlaufen lassen. Es sei p eine feste Tangente. Wir verfolgen die Bewegung des Schnittpunktes px, des Spurpunktes der beweglichen Tangente x in der festen Tangente p (Figur 17). Nähert sich x der Tangente p, so wird der Schnittpunkt px in dem Moment *unbestimmt,* in dem x auf p fällt. Sobald x aber p überschritten hat, ist der Schnittpunkt px wieder eindeutig bestimmt. Von einem «normal» verlaufenden Bogen erwarten wir den folgenden Sachverhalt: Der Spurpunkt px nähert sich je einem wohlbestimmten Grenzpunkt, wenn sich x von der einen und anderen Seite her gegen p hin bewegt; ferner fallen diese Grenzpunkte in *einen* Punkt. Dieser stellt den *Berührungspunkt* der Tangente p dar. Wir sagen: Die Bewegung von px hat eine Lücke; wenn nämlich x auf p fällt, wird der Schnittpunkt pp unbestimmt. *Der Berührungspunkt soll diese Lücke schließen.*

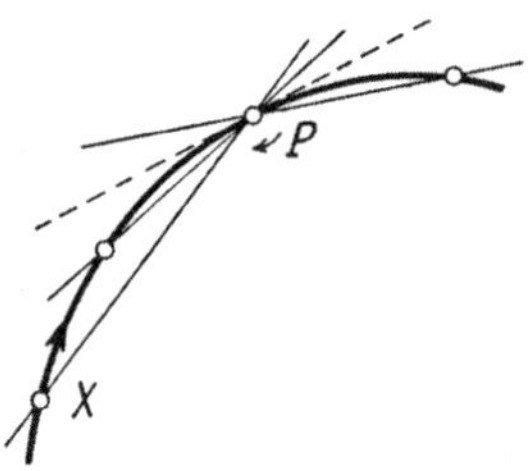

Figur 16

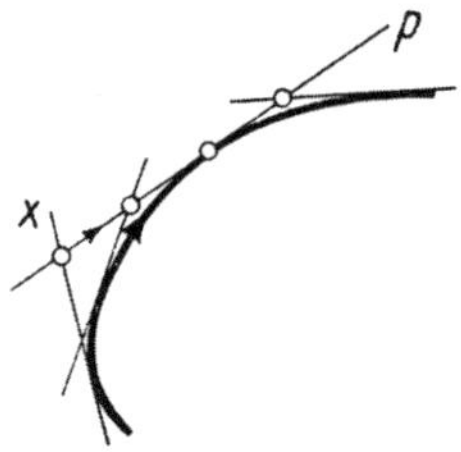

Figur 17

Würden sich die Geraden PX zwei verschiedenen Grenzgeraden nähern, wenn X sich von der einen und anderen Seite her gegen P hin

Würden sich die Schnittpunkte px zwei verschiedenen Grenzpunkten nähern, wenn x sich von der einen und anderen Seite her gegen p hin bewegt, so hätte die Kurve in P eine *Ecke*. Die Bewegung von PX besäße nicht nur einen *Lückenstrahl,* sondern einen vollständigen Winkel von Strahlen, die übersprungen werden müssten. (Später werden wir auch solche Ecken in die Betrachtung einbeziehen.)

bewegt, so enthielte die Kurve in p eine *Strecke*. Die Bewegung px besäße nicht nur einen *Lückenpunkt,* sondern ein Segment von Punkten, die übersprungen werden müssten.

Nach diesen Erläuterungen setzen wir zunächst fest, was wir unter einer elementaren Bewegung eines Punktes oder einer Geraden verstehen wollen.

Ein Punkt bewege sich auf einer Punktreihe von einem Anfangspunkt aus bis zu einem Endpunkt; dabei lassen wir zu, dass gewisse Segmente der Punktreihe mehrfach, aber nur endlich oft, durchlaufen werden. Die Anzahl der Umkehrstellen, das heißt die Anzahl der Punkte auf der Geraden, in denen der Sinn der Bewegung wechselt, soll endlich sein. Zwischen aufeinanderfolgenden Umkehrstellen handelt es sich um einen Teilvorgang des in den Grundsätzen **D** bis **G** charakterisierten «Durchlaufens». Jeden Umkehrpunkt nennen wir einen *singulären* Punkt der Bewegung, die übrigen eingenommenen Lagen heißen *reguläre* Punkte der Bewegung. Eine derartige Bewegung nennen wir eine *elementare Bewegung eines Punktes ohne Lückenpunkte* oder eine *elementare Bewegung in einer Geraden ohne Lückenpunkte.*

Eine Gerade bewege sich in einem Strahlenbüschel von einem Anfangsstrahl aus bis zu einem Endstrahl; dabei lassen wir zu, dass gewisse vollständige Winkel des Strahlenbüschels mehrfach, aber nur endlich oft, durchlaufen werden. Die Anzahl der Umkehrstrahlen, das heißt die Anzahl der Strahlen des Büschels, in denen der Sinn der Bewegung wechselt, soll endlich sein. Zwischen aufeinanderfolgenden Umkehrstrahlen handelt es sich um einen Teilvorgang des früher [in den Grundsätzen **d** bis **g**] charakterisierten «Durchlaufens». Jeden Umkehrstrahl nennen wir einen *singulären* Strahl der Bewegung, die übrigen eingenommenen Lagen heißen *reguläre* Strahlen der Bewegung. Eine derartige Bewegung nennen wir eine *elementare Bewegung einer Geraden ohne Lückenstrahlen* oder eine *elementare Bewegung in einem Punkte ohne Lückenstrahlen.*

Ein Punkt führe eine elementare Bewegung ohne Lückenpunkte aus. Es sei L eine hierbei eingenommene Lage. Entfernen wir den Punkt L aus der Menge der durchlaufenen Punkte, so bleibt eine Bewegung, die wir eine *elementare Bewegung mit dem Lückenpunkt* L nennen. Es ist klar, dass der Bewegungsvorgang durch Herausheben eines einzelnen Punktes nicht wesentlich gestört wird. Es erweist sich aber als praktisch, diese Begriffsbildung zu verwenden. Entsprechend ist eine *elementare Bewegung mit einem Lückenstrahl l* erklärt.

Sprechen wir nur von einer *elementaren Bewegung* schlechthin, so lassen wir die Möglichkeit offen, dass Lückenpunkte bzw. Lückenstrahlen in *endlicher* Anzahl vorhanden sind. Hierbei kann es auch vorkommen, dass ein Lückenpunkt (Lückenstrahl) zugleich ein Umkehrpunkt (Umkehrstrahl) ist.

Fällt der Endpunkt (der Endstrahl) mit dem Anfangspunkt (Anfangsstrahl) zusammen, so sprechen wir von einer *geschlossenen* elementaren Bewegung.

9 Aa *Eine geschlossene elementare Bewegung hat (bei richtiger Zählung) stets eine gerade Anzahl von Umkehrpunkten bzw. Umkehrstrahlen.*

Beweis: Es sei A der Anfangspunkt der elementaren Bewegung. Wir nennen den Richtungssinn, in dem der sich bewegende Punkt X den Punkt A verlässt, den positiven Sinn. Nun fällt nach Voraussetzung der Endpunkt B der Bewegung auf den Punkt A, der unter Umständen im Verlauf der Bewegung auch mehrmals angetroffen wird. Kommt X im positiven Sinn in B an, so kann er den Sinn seiner Bewegung nur in einer geraden Anzahl von Punkten gewechselt haben. Wir haben also eine gerade Anzahl von Umkehrpunkten. Kommt X hingegen im negativen Sinn in B an, so betrachten wir sinngemäß B als einen Umkehrpunkt. In diesem Falle kann aber im Übrigen der Sinn nur in einer ungeraden Anzahl von Punkten gewechselt haben. Wir haben im Ganzen wieder eine gerade Anzahl von Umkehrpunkten. ■

Eine Menge von Punkten im Punktfeld nennen wir eine *stetige Punktfolge,* wenn die Menge als *eindeutiges* und *stetiges* Bild der Punkte einer abgeschlossenen Strecke AB, das heißt der Strecke einschließlich ihrer Endpunkte, dargestellt werden kann: Jedem Punkt K der Strecke AB soll also eindeutig ein Punkt $X(K)$ der Menge zugeordnet werden können, und für *jede* Umgebung U von $X(K)$ im Punktfeld lässt sich eine K enthaltende Teilstrecke von AB abgrenzen, deren zugeordnete Punkte ganz in U liegen. (Das Wort «Folge» wird in der Analysis in einer anderen Bedeutung verwendet. Die

Eine Menge von Strahlen (Geraden) im Strahlenfeld nennen wir eine *stetige Strahlenfolge,* wenn die Menge als *eindeutiges* und *stetiges* Bild der Strahlen eines abgeschlossenen vollständigen Winkels, das heißt eines vollständigen Winkels ab einschließlich seiner Endstrahlen, dargestellt werden kann: Jedem Strahl k des Winkels ab soll also eindeutig ein Strahl $x(k)$ der Menge zugeordnet werden können, und für jede Umgebung U von $x(k)$ im Strahlenfeld lässt sich ein k enthaltender Teilwinkel von ab abgrenzen, dessen zugeordnete Strahlen ganz zu U gehören. Hierbei verstehen wir unter einer

Bezeichnung «stetige Punktfolge» bzw. «stetige Strahlenfolge» deutet aber den anschaulichen Sachverhalt ohne weitere Umschreibung am kürzesten an, so dass auf die Einführung anderer Wörter verzichtet wird.) Für unseren Zweck genügt es, wenn wir hierbei unter einer *Umgebung eines Punktes X* im Punktfeld ein beliebiges, dreiseitiges Punktgebiet des Punktfeldes verstehen, das den Punkt *X* enthält.

Umgebung eines Strahles x im Strahlenfeld einen beliebigen dreieckigen Strahlenbereich des Strahlenfeldes, der den Strahl *x* enthält.

Eine stetige Punktfolge oder Strahlenfolge kann somit wie die Strecke bzw. der vollständige Winkel im einen oder dem zu diesem entgegengesetzten Sinne durchlaufen werden.

Eine stetige Punktfolge oder Strahlenfolge heißt *geschlossen,* wenn die beiden Endelemente zusammenfallen.

Wird ein Punkt *D* des Punktfeldes beim Durchlaufen einer stetigen Punktfolge mehr als einmal getroffen, so nennen wir *D* einen *mehrfachen Punkt* (Doppelpunkt, dreifachen Punkt usw.) der Punktfolge. Entsprechend können in einer stetigen Strahlenfolge *mehrfache Strahlen* auftreten [Doppeltangenten, Dreifachtangenten usw.].

Man vermutet zunächst, dass ein Kurvenbogen als eine stetige Punktfolge erklärt werden könne. Die genauere Untersuchung zeigt aber, dass eine stetige Punktfolge Komplikationen enthalten kann, die man niemals der üblichen Vorstellung einer Kurve zuschreiben wird. Zum Beispiel lassen sich die sämtlichen Punkte einer Quadratfläche als stetige Punktfolge auffassen.

Das Gebilde, das wir gewöhnlich als Kurve bezeichnen, enthält sowohl den Begriff des Ortes – ein bestimmter Punkt der Kurve – als auch den Begriff der Geraden – nämlich eine bestimmte Richtung, die Tangente im betrachteten Punkt. Wir suchen somit nach einer Erklärung, welche diese beiden Begriffe berücksichtigt.

Die Figur, die aus einem Punkt *X* und einer durch diesen Punkt gehenden Geraden *x* besteht, nennen wir ein Punkt-Strahl-Element, kurz ein *Element,* und bezeichnen ein solches mit $X*x$.

Erklärung: *Eine Menge von Elementen P*p nennen wir einen* ***elementaren Bogen,*** *wenn sie die folgenden Eigenschaften besitzt:*

1. Ihre Punkte P und ihre Strahlen p bilden je eine stetige Folge.

2. Ist O ein beliebiger fester Punkt und durchläuft X die stetige Punktfolge, so beschreibt der Blickstrahl OX eine elementare Bewegung in O. Lückenstrahlen treten nur dann auf, wenn X auf O fällt. – Ist o eine beliebige feste Gerade und durchläuft x die stetige Strahlenfolge, so beschreibt der Spurpunkt ox eine elementare Bewegung auf o. Lückenpunkte treten nur dann auf, wenn x auf o fällt.

*3. Ist P*p ein beliebiges Element der Menge, so ist sowohl p ein Lückenstrahl der elementaren Bewegung des Blickstrahls PX in P als auch P ein Lückenpunkt der elementaren Bewegung des Spurpunktes px in p.*

Unter einer *Elementarkurve* verstehen wir einen *geschlossenen* elementaren Bogen, das heißt einen elementaren Bogen, dessen Endelement $B*b$ mit dem Anfangselement $A*a$ zusammenfällt. Der Begriff «Elementarkurve» ist also als Sonderfall im Begriff «elementarer Bogen» enthalten. (Obschon C. JUEL die Bezeichnung Elementarkurve für einen Begriff verwendet, der auf wesentlich anderem Wege gewonnen wird, wählen wir dasselbe Wort, weil es in der Hauptsache um dasselbe Objekt geht.)

Damit haben wir mit Hilfe der Begriffe der elementaren Bewegung und der stetigen Punkt- und Strahlenfolge beschrieben, mit welchen Objekten wir uns im Folgenden beschäftigen. Macht man sich die Bedeutung der obigen Sätze klar, so sagt man sich, dass sie im Grunde Selbstverständlichkeiten aussprechen, die wir von einer «Kurve» erwarten. Immerhin, bei einer Erklärung hat man sich zu vergewissern, ob sie sinnvoll ist, das heißt, ob keine Widersprüche in ihr vorhanden sind. Die Existenz des Kreises zeigt, dass die Erklärung erfüllbare Forderungen enthält.

Zur ersten Forderung sind keine Erläuterungen mehr notwendig. Die zweite Forderung besagt, dass die genannten Bewegungen keine außergewöhnlichen Eigenschaften (Häufung von Umkehrstellen, unendlich vielfache Punkte und dergleichen) aufweisen. Ein Gebilde, das nur die ersten beiden Forderungen erfüllt, nennen wir ein Doppelgebilde (Figur 18). Dieser Begriff spielt in gewissen Untersuchungen eine wichtige Rolle, wird aber im Folgenden nicht verwendet. Durch die dritte Forderung wird eine bestimmte Verflechtung zwischen der stetigen Punktfolge und Strahlenfolge verlangt, die wir bei einer «Kurve» erwarten.

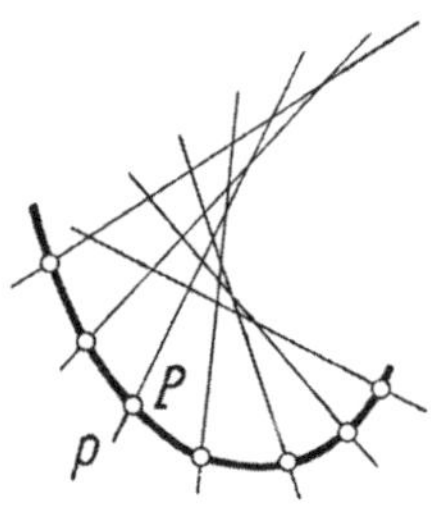

Figur 18

Besonders zu betonen ist der Umstand, dass gemäß der Erklärung der elementare Bogen ein in sich polares Gebilde darstellt.

Es bleibt noch die Frage, ob dasselbe Gebilde nicht schon durch weniger Forderungen charakterisiert werden kann. Dies ist in der Tat möglich, doch verzichten wir hier darauf, eine solche Reduktion vorzunehmen.

Weil ein elementarer Bogen als Punktfolge ein eindeutiges und stetiges Bild einer Strecke ist, kann man seine Punkte wie diejenigen einer Strecke «durchlaufen»; entsprechend lässt sich ein elementarer Bogen als Strahlenfolge durchlaufen. Die Begriffe *Bewegungssinn, zwischen* und *Sichtrennen* lassen sich unmittelbar auf den elementaren Bogen als Punkt- sowie als Strahlengebilde übertragen.

Für jeden elementaren Bogen besteht der folgende fundamentale Sachverhalt:

10 Aa ***Glättungssatz:*** *Sind P*p ein beliebiges Element eines elementaren Bogens, O ein beliebiger Punkt, der nicht auf p liegt, o eine beliebige Gerade, die nicht durch P geht, und bewegt sich X*x von P*p aus im einen oder anderen Sinne dem Bogen entlang, so gilt: Man kann um P*p stets eine derart beschränkte Umgebung wählen, dass der Blickstrahl OX und der Spurpunkt ox sich von OP bzw. op aus im gleichen Sinne bewegen wie die Verbindungsgerade f von O mit px bzw. der Schnittpunkt F von o mit PX* (Figur 19).

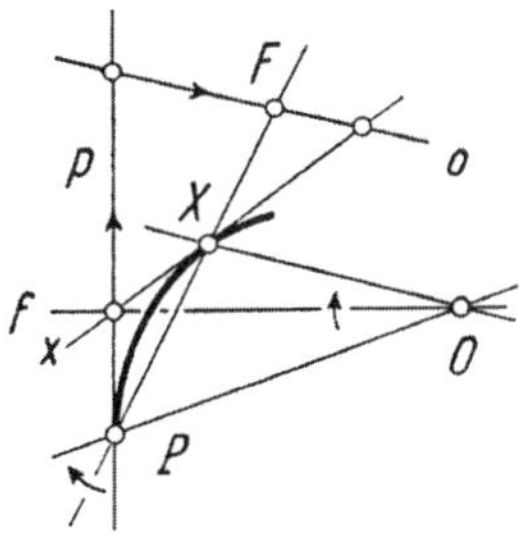

Figur 19

Der Inhalt des Satzes erklärt die Bezeichnung «Glättungssatz»: Ein unbegrenzt kleines Stück eines elementaren Bogens um *P*p* verhält sich als Punktgebilde wie das entsprechende Segment auf *p* und als Strahlengebilde wie der entsprechende vollständige Winkel in *P*.

Beweis: Das Element *X*x* verlasse die Stelle *P*p* längs des Bogens in einem der beiden möglichen Durchlaufungssinne (Figur 19). Wir können zunächst den durchlaufenen Bogen derart beschränken, dass *PO* nicht dem von *PX* durchlaufenen Winkel und *po* nicht dem von *px* durchlaufenen Segment angehören. Da die Bewegungen von *PX, OX, px, ox* elementar sind, können wir ferner den Bogen nötigenfalls weiter so beschränken, dass alle vier genannten Bewegungen keine Sinnänderungen erleiden.

Es sei *A* der Endpunkt eines Bogenstückes, das den aufgezählten Forderungen genügt (Figur 19 a). Wir halten einen Punkt *X* von (*P* … *A*) fest.

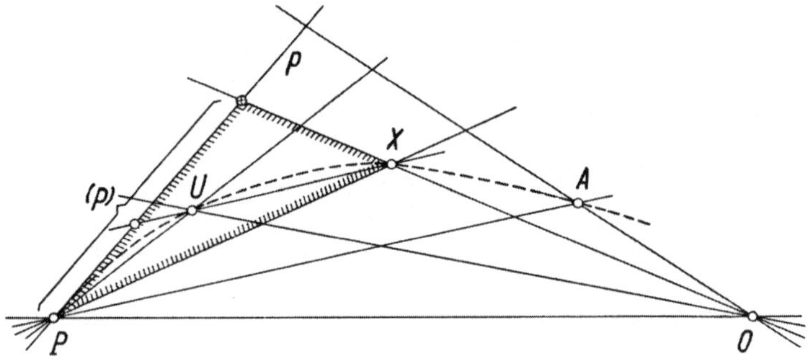

Figur 19 a

Der Punkt *U* sei ein beliebiger Punkt vor *X*, das heißt, die Strahlenfolgen *p, PU, PX, PA* und *OP, OU, OX, OA* stellen je eine natürliche Reihenfolge dar.

Jetzt betrachten wir dasjenige der vier durch die Geraden *p, PX, OX* bestimmten dreiseitigen Punktgebiete, das *U* enthält. Wir bezeichnen dieses Gebiet mit (*G*); (*p*) sei das Grenzsegment von (*G*), das auf *p* liegt. Die Gerade *XU* trifft *p* in (*p*). Da *O* auf der Grenzgeraden *OX* von (*G*), aber nach Voraussetzung des Satzes nicht auf dem entsprechenden Grenzsegment von (*G*) liegt, muss *OU* nach Satz **6 A** die beiden übrigen Grenzsegmente, also sicher auch (*p*) treffen. Wir halten fest: die beiden Geraden *OU* und *XU* treffen (*p*).

Wir lassen nun vom Punkte *Y* den Bogen (*PUXA*) durchlaufen und betrachten die entsprechende Bewegung der Geraden *XY* (bei festgehaltenem *X*). Die Gerade *XY* kann, die Anfangslage *XP* ausgenommen, den Punkt *P* niemals enthalten, da in einem solchen Falle der Strahl *PYX* [neben *X*] *zwei* Bogenpunkte enthielte, was unserer Voraussetzung [der Beschränkung auf Bewegungen ohne Sinnänderung] widerspricht. Ferner kann aus demselben Grunde *XY* den Punkt *O* niemals enthalten. Der Schnittpunkt der Geraden *XY* mit *p* beschreibt also eine elementare Bewegung auf (*p*), die in *P* beginnt, aber den anderen Endpunkt von (*p*) nicht erreicht. Die Tangente *x* in *X* ist ein Lückenstrahl dieser Bewegung. *Die Tangente x trifft also einen inneren Punkt von* (*p*).

Nun durchlaufe *X* das Bogenstück (*P*...*A*). Würden *OX* und die Verbindungsgerade von *O* mit *px* sich von *OP* aus im entgegengesetzten Sinne bewegen, so könnte *px* nicht zu (*p*) gehören. Wir haben aber bewiesen, dass *px* in (*p*) liegt. Somit bewegen sich *OX* und der Strahl von *O* nach *px* im gleichen Sinne von *P* weg. – Der zweite Teil des Satzes folgt durch die entsprechenden polaren Schlüsse. ■

Wir denken uns den einen der beiden möglichen Durchlaufungssinne eines elementaren Bogens als den *positiven* Sinn festgesetzt. Nun durchlaufe

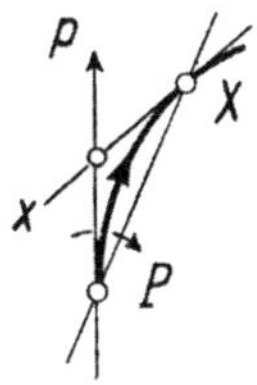

Figur 20

$X*x$ den Bogen von einem beliebigen Element $P*p$ aus im positiven Sinne (Figur 20). Wir können den durchlaufenen Teilbogen derart beschränken, dass sich hierbei der Blickstrahl PX und der Spurpunkt px ohne Sinnänderungen in P bzw. p bewegen. Wir halten fest:

Die Festlegung des positiven Durchlaufungssinnes eines elementaren Bogens bestimmt für jedes seiner Elemente $P*p$ in P und p je einen Bewegungssinn, den wir den positiven Drehsinn in P bzw. den positiven Richtungssinn in p nennen. (Bei mehrfachen Punkten und mehrfachen Tangenten ist natürlich zu beachten, welches Element $P*p$ signiert werden soll.)

Hat ein elementarer Bogen mit dem Anfangselement $P*p$ die Eigenschaft, dass die Bewegungen von PX und px keine Sinnänderungen erleiden, so wird er von besonders einfacher Natur sein. Wir führen deshalb noch die folgende Bezeichnung ein:

Erklärung: *Hat ein von $X*x$ durchlaufener elementarer Bogen mit dem Anfangselement $P*p$ die Eigenschaft, dass die Bewegungen von PX im Anfangspunkt P und von px in der Anfangstangente p keine Sinnänderungen erleiden und dass ferner hierbei weder das ganze Strahlenbüschel P noch die ganze Punktreihe p durchlaufen werden, so nennen wir den Bogen einen* ***einfachen Bogen.***

Auf Grund der Erklärung des elementaren Bogens haben wir sofort:

11 Aa *Von jedem Element $P*p$ eines elementaren Bogens aus kann man eine Umgebung abgrenzen, die einen einfachen Bogen darstellt.*

3 Die Singularitäten eines elementaren Bogens

Es sei $P*p$ ein vom Anfangselement $A*a$ und vom Endelement $B*b$ verschiedenes, sonst beliebiges Element eines elementaren Bogens, das wir für die folgende Untersuchung festhalten. Wir wollen die Umgebung dieser

Stelle näher untersuchen. Zu diesem Zwecke lassen wir das bewegliche Element $X*x$ längs des Bogens die Stelle $P*p$ überschreiten. Wir prüfen den Verlauf der elementaren Bewegungen des Blickstrahls PX im Punkte P und des Spurpunktes px in der Tangente p.

Entweder erleidet die Bewegung von PX beim Überschreiten des Lückenstrahls p keine Änderung ihres Sinnes, oder es tritt eine Änderung des Bewegungssinnes ein. Im letzteren Falle ist p also ein Umkehrstrahl der Bewegung; wir nennen p dann einen *singulären* (s) Strahl (eine singuläre Tangente) oder eine *Wendetangente.* Im ersten Fall sprechen wir von einem *regulären* (r) Strahl (von einer regulären Tangente).

Entsprechend zeigt die Bewegung von px beim Überschreiten des Lückenpunktes P entweder keine Umkehrung ihres Sinnes, oder es tritt eine Änderung des Bewegungssinnes ein, das heißt, der Berührungspunkt P von p ist dann ein Umkehrpunkt der Bewegung. Im ersten Fall nennen wir P einen *regulären* (r) Punkt, im zweiten Fall einen *singulären* (s) Punkt oder eine *Spitze* des Bogens.

Für jedes Element $P*p$ kann somit einer der folgenden vier Fälle eintreten: (r, r), (r, s), (s, r), (s, s). Hierbei soll der erste Buchstabe das Verhalten des Punktes, der zweite das Verhalten der Tangente angeben.

Im Falle (r, r) sind der Punkt P und die Tangente p regulär. Wir sprechen von einem *regulären* Element $P*p$ (Figur 21).

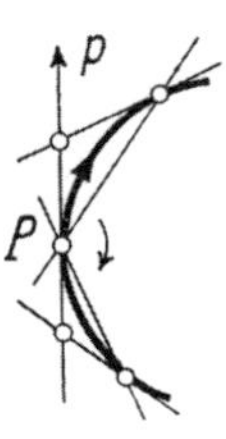

Figur 21

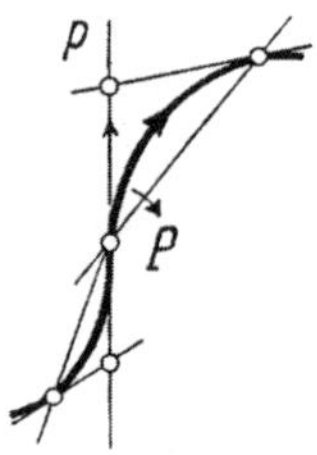

Figur 22

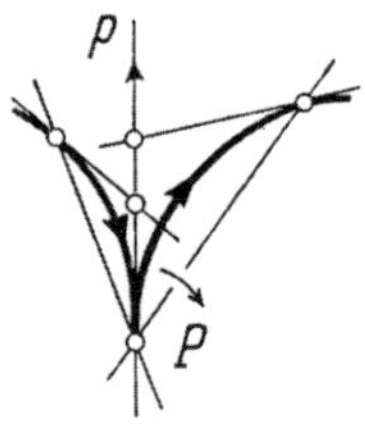

Figur 23

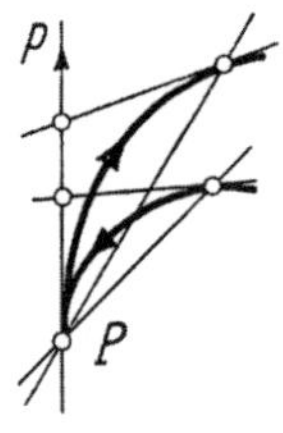

Figur 24

Im Falle (r, s) ist der Punkt P regulär, die Tangente p aber singulär. Wir haben eine Wendetangente. Das Element $P*p$ nennen wir eine *Wendestelle* (Figur 22). (Den Punkt P nennt man gewöhnlich *Wendepunkt,* weil es sich um einen Punkt handelt, für dessen Tangente eine Wendung eintritt. Die Bezeichnung ist aber ungünstig, da der Punkt selbst sich regulär verhält. Um keine wesentlich neue Bezeichnung einzuführen, nennen wir das Element (r, s) eine *Wendestelle.*)

Im Falle (s, r) ist die Tangente p regulär, aber der Punkt P singulär. Wir nennen ein solches Element $P*p$ eine *Dornspitze* (Figur 23).

Im Falle (s, s) haben wir ein doppeltsinguläres Element. Die Tangente ist

Wendetangente und der Punkt eine Spitze. Ein solches Element nennen wir eine *Schnabelspitze* (Figur 24).

Ein reguläres Element ist zu sich selbst polar, ebenso die Schnabelspitze. Hingegen entspricht der Wendestelle polar die Dornspitze.

Es ist günstig, auch die mehrfachen Punkte und die mehrfachen Tangenten zu den Singularitäten zu rechnen, obschon sie wesentlich anderer Natur sind als die beschriebenen *eigentlichen* Singularitäten.

Jetzt untersuchen wir die Natur der eigentlichen Singularitäten. Zu diesem Zwecke wählen wir einen *beliebigen* Punkt O, der nicht auf p liegt, und eine *beliebige* Gerade o durch O, die nicht durch P geht. Ein solches Paar $O*o$ bestimmt ein *Bezugssystem* für das Element $P*p$. Wir betrachten die Zerlegung des Punktfeldes durch die drei Geraden $o, p, q = OP$ und die Gliederung des Strahlenfeldes durch die Punkte $O, P, Q = op$.

Wie wir auch $O*o$ wählen, es ist stets möglich, den elementaren Bogen von $P*p$ aus im positiven Sinne von $Y*y$ nur so weit durchlaufen zu lassen, dass weder py den Punkt Q noch PY die Gerade q erreicht. Weiter dürfen wir annehmen, dass der abgegrenzte Bogen einfach sei und dass weder Y auf o noch y durch O zu liegen kommt (Figur 25).

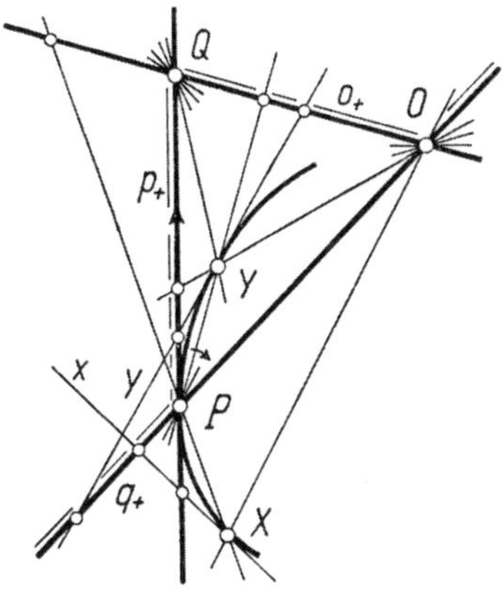

Figur 25

Das von P, Q bestimmte Segment auf p, dem py angehört, bezeichnen wir mit p_+, das ergänzende Segment mit p_-. Nach dem Glättungssatz **10 Aa** können wir den von $Y*y$ durchlaufenen Bogen derart beschränken, dass OY sich im gleichen Sinne bewegt wie der Blickstrahl von O nach py. Den vollständigen Winkel in P, dem PY angehört, bezeichnen wir mit P_+, den ergänzenden Winkel mit P_-. Der Glättungssatz **10 Aa** erlaubt anzunehmen, dass sich oy im gleichen Sinne bewegt wie der Schnittpunkt von PY mit o. Das Segment auf o, das oy enthält, bezeichnen wir mit kel in O, der OY enthält, bezeichnen wir mit O_+. Er besteht auf Grund des Glättungssatzes **10 Aa** aus den Strahlen durch O, die p_+ treffen.

o_+. Es besteht aus den Punkten in o, deren Verbindungsgeraden mit P zu P_+ gehören.

Nach hinreichender Beschränkung des von $Y*y$ durchlaufenen Bogens liegen alle Y im gleichen der vier durch o, p, q bestimmten Punktgebiete, und alle y gehören dem gleichen der vier durch O, P, Q bestimmten Strahlenbereiche an.

Den durch o, p bestimmten vollständigen Winkel, dem QY angehört, signieren wir mit Q_+, entsprechend das durch O und P bestimmte Segment, dem qy angehört, mit q_+. Der Punkt Y hat also die Signatur $+++$ (in der Reihenfolge O, P, Q der Ecken) und y die Signatur $+ + +$ (in der Reihenfolge o, p, q).

Wir lassen nun $X*x$ im *positiven* Sinne gegen $P*p$ hin laufen. Dabei können wir den von $X*x$ durchlaufenen Bogen derart beschränken, dass erstens alle X demselben der durch o, p, q bestimmten Punktgebiete und alle x demselben der durch O, P, Q bestimmten Strahlenbereiche angehören und dass zweitens die Anwendung des Glättungssatzes **10 Aa** möglich ist.

Ist nun $P*p$ ein reguläres Element, so bewegen sich PX und PY als auch px und py je im gleichen (positiven) Sinne in P bzw. auf p. Der Punkt X gehört also zu P_- und x zu p_-. Nach dem Glättungssatz **10 Aa** bewegen sich OX und der Strahl von O nach px im gleichen Sinne, also gehört X zu O_-. Nach dem Beweis von Satz **5 A** kommt für X somit nur die Signatur $--+$ in Betracht; der Punkt X gehört also zu Q_+. Entsprechend bewegen sich nach dem Glättungssatz **10 Aa** ox und der Schnittpunkt von o mit PX im gleichen Sinne, also gehört x zu o_-. Damit ist aber (nach dem Beweis von Satz **5 a**)

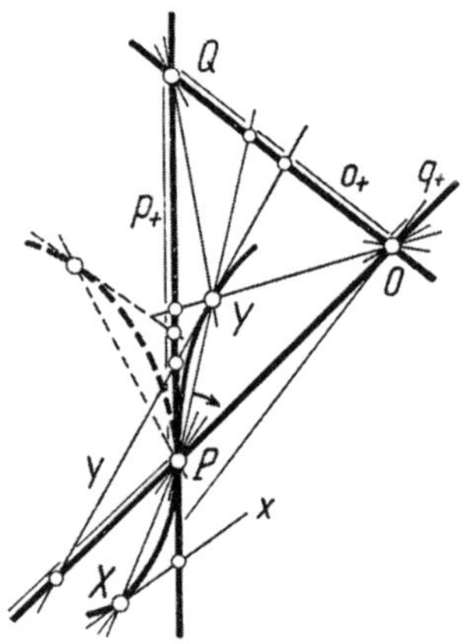

Figur 26

die Signatur von x bestimmt: $--+$. Damit ist der folgende Satz [bezüglich des durch $O*o$ für $P*p$ mit $q = OP$, $Q = op$ bestimmten Bezugssystems] bewiesen:

12 Aa *Ist $P*p$ ein reguläres Element, so werden sowohl die Punkte X und Y (kurz vor und nach P) durch p, q als auch die Tangenten x und y durch P, Q getrennt. Der Bogen führt als Punktgebilde vom Gebiet $--+$ in das Gebiet $+++$, als Strahlengebilde vom Bereich $--+$ in den Bereich $+++$* (Figur 25, Seite 51).

Entsprechend erhält man [bezüglich desselben Bezugssystems] (Figur 26):

13 A *Ist $P*p$ eine Wendestelle,* so *werden die Punkte X und Y (kurz vor und nach P) durch p, q nicht getrennt, hingegen die Strahlen x und y durch P, Q getrennt. Der Bogen führt als Punktgebilde vom Gebiet $-+-$ in das Gebiet $+++$, als Strahlengebilde vom Bereich $+--$ in den Bereich $+++$.*

13 a *Ist $P*p$ eine Dornspitze, so werden die Strahlen x und y (kurz vor und nach p) durch P, Q nicht getrennt, hingegen die Punkte X und Y durch p, q getrennt. Der Bogen führt als Strahlengebilde vom Bereich $-+-$ in den Bereich $+++$, als Punktgebilde vom Gebiet $+--$ in das Gebiet $+++$.*

Beweis von **13 A:** Die Geraden PX und PY haben entgegengesetzte Bewegungssinne, also gehört X zu P_+; ferner haben px und py denselben Bewegungssinn, also gehört x zu p_-. Nach dem Glättungssatz **10 Aa** bewegen sich OX und der Strahl von O nach px im gleichen Sinne, also gehört X zu O_-. Damit ist das Gebiet für X festgelegt: $-+-$. Entsprechend bewegen sich ox und der Schnittpunkt von PX mit o im gleichen Sinne, das heißt x gehört zu o_+. Somit hat x die Signatur $+--$. ■

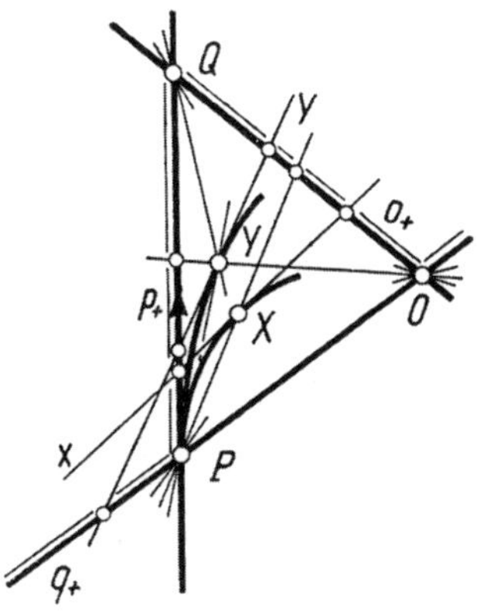

Figur 27

Auf gleiche Weise erhält man [auf der Basis des genannten Bezugssystems] den Satz:

14 Aa *Ist P*p eine Schnabelspitze, so werden sowohl die Punkte X und Y durch p, q als auch die Strahlen x und y durch P, Q nicht getrennt. Der Bogen führt sowohl als Punktgebilde wie auch als Strahlengebilde je von + + + in + + + zurück* (Figur 27, Seite 53).

Die Sätze **12 Aa**, **13 Aa** und **14 Aa** sind in folgender Tafel zusammengefasst:

*P*p*	*Regulär*	*Wendestelle*	*Dornspitze*	*Schnabelspitze*
Y in + + +, *X* in:	− − +	− + −	+ − −	+ + +
y in + + +, *x* in:	− − +	+ − −	− + −	+ + +
X, Y durch *p, q*	getrennt	nicht getrennt	getrennt	nicht getrennt
x, y durch *P, Q*	getrennt	getrennt	nicht getrennt	nicht getrennt

Damit haben wir einen vollständigen Überblick der Eigenschaften der eigentlichen Singularitäten gewonnen. Er wird uns zu einem Hauptsatz über den Verlauf der elementaren Bögen führen.

Es durchlaufe nun das Element *X*x* den ganzen elementaren Bogen. Wir betrachten die elementare Bewegung des Blickstrahls *OX,* wobei *O* ein beliebiger Punkt ist, und die elementare Bewegung des Spurpunktes *ox,* wobei *o* eine beliebige Gerade ist [die nicht mit *O* inzident sein muss]. Es entsteht die Frage, wann in diesen Bewegungen Umkehrstrahlen bzw. Umkehrpunkte auftreten. Es gilt [bezüglich des oben genannten Bezugssystems] der *Hauptsatz* (diesen Satz hat zuerst VON STAUDT in anderer Form und ohne Beweis ausgesprochen: *Geometrie der Lage,* 1847, Seite 112):

15 A *Bei allgemeiner Lage des Blickpunktes O [das heißt: O liegt nicht auf p] ist der Blickstrahl OP bei der Bewegung von OX dann und nur dann singulär, wenn P eine Spitze ist. Im Sonderfall, wo der Blickpunkt Q der Tangente p angehört, ohne mit P zusammenzufallen, ist QP dann und nur dann singulär, wenn P*p ein zu sich polares Element* (*reguläres Element oder Schnabelspitze*) *ist.*

15 a *Bei allgemeiner Lage der Spurgeraden o [das heißt: o geht nicht durch P] ist der Spurpunkt op bei der Bewegung von ox dann und nur dann singulär, wenn p eine Wendetangente ist. Im Sonderfall, wo die Gerade q durch den Punkt P geht, ohne mit p zusammenzufallen, ist qp dann und nur dann singulär, wenn P*p ein zu sich polares Element* (*reguläres Element oder Schnabelspitze*) *ist.*

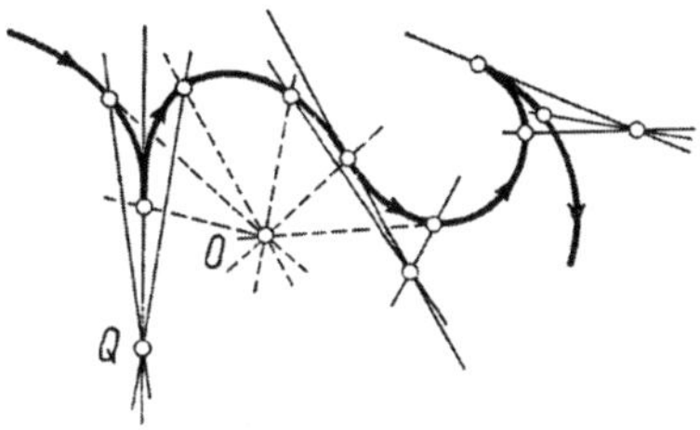

Figur 28

Figur 29

Die Figuren 28 und 29 mögen dazu dienen, sich den Inhalt des Hauptsatzes **15 Aa** zu vergegenwärtigen. Man lasse $X*x$ den Bogen durchlaufen und verfolge die Bewegungen von OX und ox bzw. QX und qx. Man sieht daraus, dass im Hauptsatz **15 Aa** mannigfaltige geometrische Sachverhalte zusammengefasst sind.

Beweis: Man beachte zunächst, dass der Punkt O und die Gerade o des am Anfang des Kapitels eingeführten Bezugssystems den Bedingungen entsprechen, die in Satz **15 Aa** für den allgemeinen Fall vorausgesetzt sind. Ferner erfüllen der dort eingeführte Punkt $Q = op$ und die Gerade $q = OP$ die Voraussetzungen des Sonderfalles in Satz **15 Aa**.

Das *zweite Vorzeichen* in den Signaturen der obigen Tafel gibt das Verhalten von PX bzw. px an. Steht hier das Minuszeichen, so verhält sich PX bzw. px regulär: PX geht ohne Sinnänderung über p in PY über. Dieses Zeichen ist also durch die Erklärung der drei verschiedenen eigentlichen Singularitäten bestimmt.

Das *erste* Vorzeichen gibt das Verhalten von OX bzw. ox an. Eine Änderung des Sinnes der Bewegung von OX tritt in OP dann und nur dann ein, wenn hier das Pluszeichen steht; in diesem Falle bewegt sich OX aus O_+ über OP wieder in O_+ zurück. Dies tritt nur für eine Spitze ein. Entsprechend erleidet die Bewegung von ox dann und nur dann eine Sinnänderung, wenn das erste Vorzeichen das Pluszeichen ist. Dies ist nur bei einer Wendetangente (Tangente einer Wendestelle oder Schnabelspitze) der Fall.

Hiermit ist der erste Teil von Satz **15 A** bzw. **15 a** bereits bewiesen. Der Sonderfall lässt sich am *dritten* Vorzeichen in den Signaturen der Tafel ablesen. Dieses Vorzeichen gibt das Verhalten von QX bzw. qx an. Sinnänderung tritt nur für das Pluszeichen ein, das heißt für den Fall eines regulären Elementes $P*p$ oder einer Schnabelspitze. ■

Nach Erklärung des elementaren Bogens führen OX und ox elementare Bewegungen aus, insbesondere heißt dies, dass diese Bewegungen nur endlich viele Umkehrstrahlen bzw. Umkehrpunkte besitzen. Hieraus und aus dem Hauptsatz **15 Aa** folgt sofort:

16 Aa *Ein elementarer Bogen besitzt nur endlich viele eigentliche Singularitäten, nämlich Wendestellen, Dornspitzen und Schnabelspitzen.*

Hingegen kann ein elementarer Bogen unbegrenzt viele Doppelpunkte oder Doppeltangenten aufweisen.

Es wird einige Leser interessieren, hierfür ein Beispiel zu haben: Man durchlaufe einen Halbkreis *AC* von *A* aus. *B* sei der Punkt, der den Halbkreis halbiert; B_1 sei der Halbierungspunkt des Viertelkreises *BC*, B_2 der Halbierungspunkt von B_1C usw. Über jedem der unbegrenzt vielen Kreisbögen *AB*, BB_1, B_1B_2, B_2B_3 usw. setze man den Parabelbogen, der mit dem Kreisbogen dieselben Endpunkte und Endtangenten besitzt. Alle diese Parabelbögen bilden einen elementaren Bogen, den wir mit (*AC*) bezeichnen. Durchläuft man nun von *C* aus (*AC*) bis *A* und dann von *A* aus den Halbkreis, der (*AC*) zum vollen Kreis ergänzt, bis *C* und schließlich (*AC*) von *C* aus bis *A*, so hat man einen elementaren Bogen durchlaufen, der unbegrenzt viele Doppelpunkte, aber keine eigentlichen Singularitäten besitzt. (Beispiel nach Mitteilung von B. L. VAN DER WAERDEN.)

Der Hauptsatz **15 Aa** lässt sich in einer anderen Form aussprechen, die für die Anwendungen manchmal nützlich ist. Wir wollen dies schon hier erläutern.

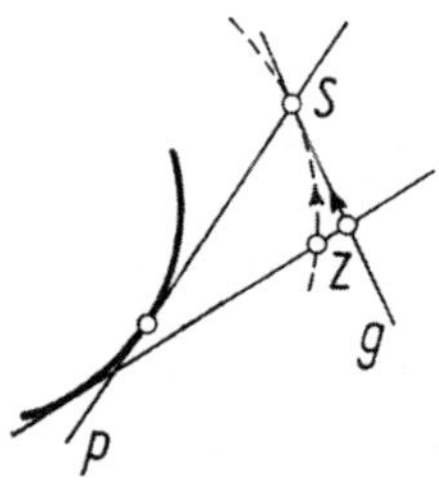

Figur 30

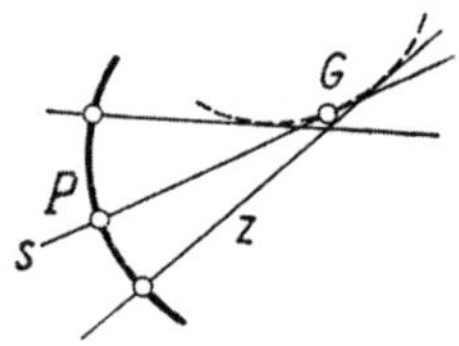

Figur 31

Die Ausdrucksweise «ein Punkt *Z* überschreitet im Punkte *S* die Tangente *p* eines elementaren Bogens» soll den folgenden Vorgang kennzeichnen (Figur 30): Der Punkt *Z* durchläuft ohne Sinnänderung ein Segment einer von *p* verschiedenen Geraden *g* und gelangt im Verlauf dieser Bewegung in den Schnittpunkt *S* = *pg*. Oder allgemeiner: Der Punkt *Z* durchläuft die Punkte eines elementaren Bogens («Wegbogen»)

Entsprechend soll die Ausdrucksweise «eine Gerade *z* überschreitet im Strahl *s* den Punkt *P* eines elementaren Bogens» den folgenden Vorgang kennzeichnen (Figur 31): Der Strahl *z* durchläuft ohne Sinnänderung einen Winkel eines von *P* verschiedenen Punktes *G* und gelangt im Verlauf dieser Bewegung in die Verbindungsgerade *s* = *PG*. Oder allgemeiner: der Strahl *z* durchläuft die Tangenten eines ohne Singularitäten und trifft im Verlauf dieser Bewegung den Punkt S, der dem Wegbogen und der Tangente p gemeinsam ist. Hierbei soll der Wegbogen die Gerade p nicht als Tangente enthalten. Ferner ist der Wegbogen so klein, wie man will. Es gilt dann:

17 A *Überschreitet der Punkt Z eine von den Endtangenten verschiedene Tangente p eines elementaren Bogens im Punkte S, so unterscheiden sich die Anzahlen der von Z an den Bogen gesandten Tangenten in der Umgebung von p vor und nach dem Überschreiten dann und nur dann, und zwar um 2, wenn entweder p die Tangente eines zu sich polaren Elementes ist und S in ihren Berührungspunkt fällt oder wenn p eine Wendetangente ist und S nicht in ihren Berührungspunkt fällt* (Figuren 32 und 33).

Wegbogens ohne Singularitäten und nimmt im Verlaufe dieser Bewegung die Lage s durch P ein. Hierbei soll der Wegbogen aber den Punkt P nicht enthalten. Ferner ist der Wegbogen so klein, wie man will. Es gilt dann (man verdeutliche sich den Inhalt des Satzes an einigen Figuren):

17 a *Überschreitet die Gerade z im Strahl s einen von den Endpunkten verschiedenen Punkt P eines elementaren Bogens, so unterscheiden sich die Anzahlen der gemeinsamen Punkte, die z in der Umgebung von P vor und nach dem Überschreiten mit dem Bogen besitzt, dann und nur dann, und zwar um 2, wenn entweder P der Punkt eines zu sich polaren Elementes ist und s in seine Tangente fällt oder wenn P eine Spitze ist und s nicht in ihre Tangente fällt.*

Bemerkung zu **17 A:** Überschreitet Z zugleich zwei Tangenten (zum Beispiel in einem Doppelpunkt), so sind natürlich die entsprechenden Zahlen für beide Tangenten zu addieren.

Beweis von **17 A:** Findet die Überschreitung zunächst längs einer Geraden g statt und ist p eine reguläre Tangente, so sagt der Hauptsatz **15 Aa,** wenn x die Tangenten des Bogens durchläuft, dass die Bewegung von gx beim Überschreiten von S ihren Sinn nicht ändert, sofern S nicht auf P fällt. Die Zahl der von Z ausgesandten Tangenten ändert sich somit nicht (sofern nicht eventuell andere Tangenten überschritten werden).

Ist aber p die Tangente eines regulären Elementes (Figur 32) oder einer Schnabelspitze und fällt S auf den Berührungspunkt P, so tritt in der

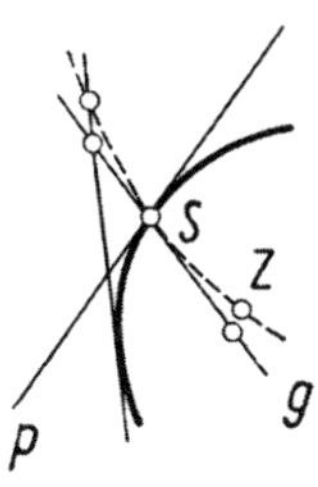

Figur 32

Bewegung von *gx* beim Überschreiten von *S* eine Sinnänderung ein, so dass also, wenn *Z* längs *g* die Stelle *S* überschreitet, notwendig zwei Tangenten gewonnen oder verloren werden.

Ist *p* eine Wendetangente (Tangente einer Wendestelle, Figur 33, oder einer Schnabelspitze) und fällt *S* nicht in den Berührungspunkt, so erleidet die Bewegung von *gx* beim Überschreiten von *S* wieder eine Sinnänderung, und *Z* verliert oder gewinnt wieder zwei Tangenten.

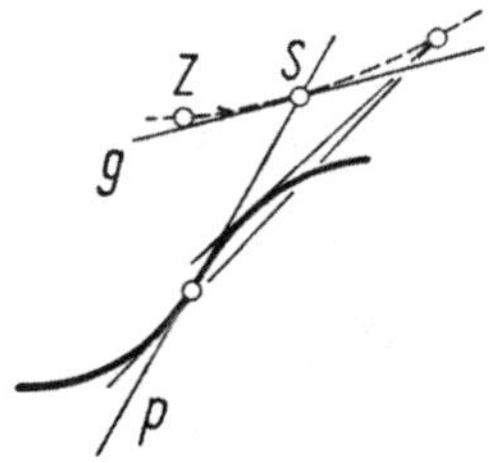

Figur 33

Läuft nun *Z* statt auf einer Geraden *g* auf einem Wegbogen, so können wir diesen durch seine Tangente in *S* ersetzen, sofern wir uns auf eine hinreichend kleine Umgebung von *S* beschränken. Das ist möglich (Glättungssatz **10 Aa**), da wir den Wegbogen so klein nehmen können, wie wir wollen. ■

Die bisher entwickelten Sätze geben uns die Grundlage, die freie Geometrie der ebenen Kurven aufzubauen.

Im Vorstellungsraum (siehe Beginn des Kapitel 1) ist die unendlichferne oder uneigentliche Gerade der Ebene gegenüber den anderen Geraden ausgezeichnet. Es sind deshalb einige Hinweise darauf am Platz, wie sich die Singularitäten für solche Elemente, deren Punkt oder Strahl uneigentlich

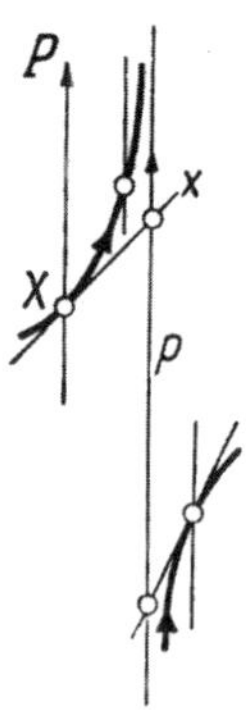

Figur 34

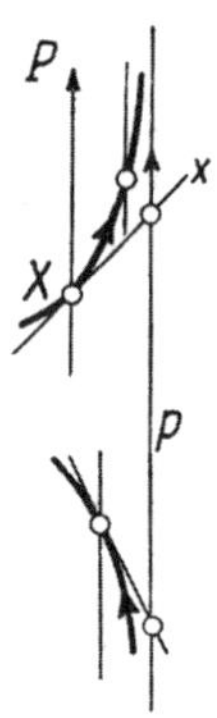

Figur 35

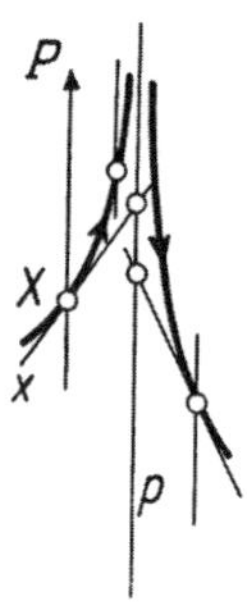

Figur 36

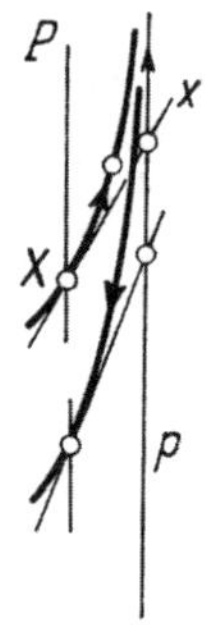

Figur 37

ist, im Vorstellungsraum ausnehmen. Die Figuren 34 bis 37 zeigen je ein Element, dessen Punkt P unendlich fern ist. Lässt man X^*x den angedeuteten Bogen über $P*p$ hinweglaufen und erinnert man sich an die Erklärungen der verschiedenen Sorten von Elementen, so zeigen die Bewegungen von PX und px sofort, dass Figur 34 ein reguläres Element, Figur 35 eine Wendestelle, Figur 36 eine Dornspitze und Figur 37 eine Schnabelspitze darstellt.

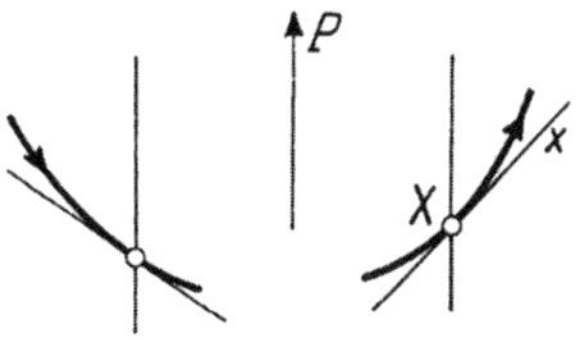

Figur 38

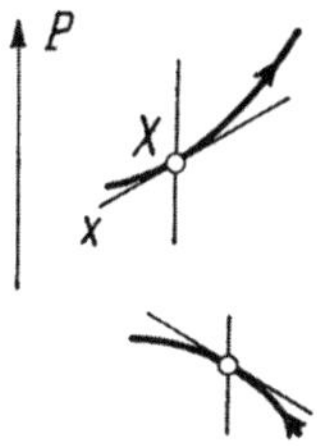

Figur 39

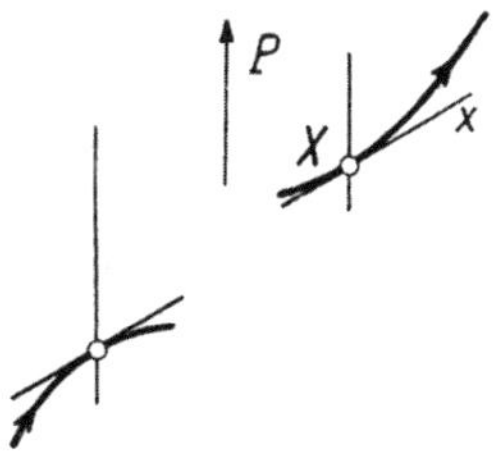

Figur 40

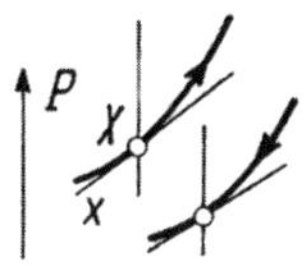

Figur 41

Die Figuren 38 bis 41 sind so aufzufassen, dass beim Durchlaufen des Bogens der Punkt X *beliebig weit* nach rechts oben bzw. rechts unten usw. gelangt. Das Element $X*x$ überschreitet einen unendlichfernen Punkt P, dessen Tangente p die uneigentliche Gerade ist. Verfolgt man die Bewegungen von PX und px, so erkennt man, dass Figur 38 ein reguläres Element, Figur 39 eine Wendestelle (zum Beispiel die semikubische Parabel $y^2 = x^3$), Figur 40 eine Dornspitze (zum Beispiel die reinkubische Parabel $y = x^3$) und Figur 41 eine Schnabelspitze darstellt.

4 Die Struktur des einfachen Bogens

Wir wollen in diesem Kapitel über die Struktur des einfachen Bogens (siehe Erklärung am Ende von Kapitel 2) Klarheit gewinnen. Wir bezeichnen das Anfangselement mit $A*a$, das Endelement mit $B*b$. Ferner bedeute U den Schnittpunkt ab und u die Verbindungsgerade AB (Figur 42).

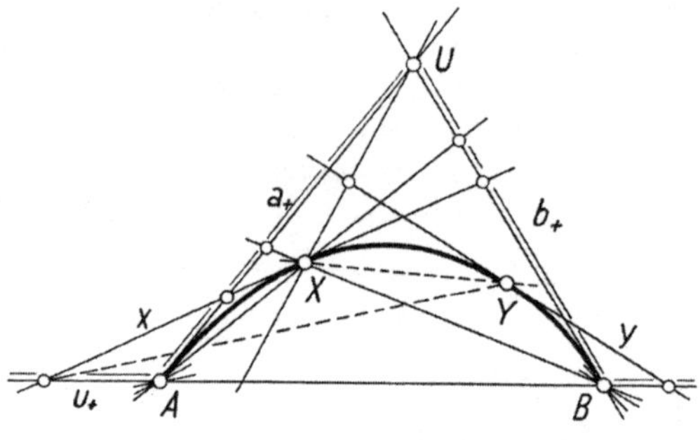

Figur 42

Durchläuft $X{*}x$ den einfachen Bogen von $A{*}a$ aus, so bewegt sich laut Erklärung sowohl AX in A als auch ax in a gleichsinnig. Das von ax beschriebene Segment AU bezeichnen wir mit a_+, das ergänzende Segment mit $a\_$. Der von AX überstrichene vollständige Winkel sei mit A_+, der ergänzende Winkel mit $A\_$ bezeichnet.

Durch A geht außer a keine Tangente. Nach dem Hauptsatz **15 A** (allgemeiner Fall) würde somit eine vorhandene Spitze des Bogens zur Folge haben, dass die Bewegung von AX bei deren Überschreiten eine Sinnänderung erlitte. Da AX sich aber ohne Sinnänderung bewegt, besitzt der einfache Bogen keine Spitzen.

Auf a liegt außer A kein Punkt des Bogens. Nach **15 a** würde somit eine Wendetangente bewirken, dass die Bewegung von ax eine Sinnänderung erlitte. Da aber ax sich ohne Sinnänderung bewegt, besitzt der einfache Bogen keine Wendetangenten.

Weiter ist klar, dass der einfache Bogen weder mehrfache Punkte noch mehrfache Tangenten aufweisen kann, da sonst AX bzw. ax sich nicht gleichsinnig bewegen könnte. Als erstes Ergebnis haben wir somit: *Ein einfacher Bogen ist singularitätenfrei.*

Nach der Erklärung ist U kein Punkt des Bogens und sendet an diesen außer a und b keine Tangenten. Da der Bogen singularitätenfrei ist, bewegt sich somit UX nach dem Hauptsatz **15 A** ohne Sinnänderung. Den von UX überstrichenen vollständigen Winkel bezeichnen wir mit U_+, den ergänzenden Winkel mit $U\_$.

Nach der Erklärung ist u keine Tangente des Bogens und hat mit diesem außer A und B keine gemeinsamen Punkte. Da der Bogen singularitätenfrei ist, bewegt sich somit ux nach dem Hauptsatz **15 a** ohne Sinnänderung. Das von ux überstrichene Segment bezeichnen wir mit u_+, das ergänzende Segment mit $u\_$.

Jeder Strahl in U_+ hat genau einen Punkt mit dem Bogen gemeinsam; die Strahlen in U_- treffen keinen Bogenpunkt. Insbesondere liegt in b außer B kein Punkt des Bogens.

Jeder Punkt in u_+ sendet genau eine Tangente; die Punkte in u_- senden keine Tangenten. Insbesondere sendet B außer b keine Tangente an den Bogen.

Die Bewegung von BX könnte, da der Bogen singularitätenfrei ist, nach **15 A** nur dann eine Sinnänderung erfahren, wenn BX in eine Tangente fällt. Da eine solche außer b nicht vorhanden ist, bewegt sich BX somit ohne Sinnänderung. Den durchlaufenen vollständigen Winkel bezeichnen wir mit B_+.

Die Bewegung von bx könnte, da der Bogen singularitätenfrei ist, nach **15 a** nur in einem gemeinsamen Punkte von b mit dem Bogen eine Sinnänderung erfahren. Da ein solcher Punkt außer B nicht vorhanden ist, bewegt sich bx somit ohne Sinnänderung. Das durchlaufene Segment bezeichnen wir mit b_+.

Das Endelement $B*b$ hat also die gleichen Eigenschaften wie das Anfangselement. Als zweites Ergebnis haben wir somit: *Ist* (A … B) *ein einfacher Bogen, dann ist auch* (B … A) *ein einfacher Bogen.*

Die Strahlen AX, BX, UX gehören den Winkeln A_+ bzw. B_+, U_+ an. Jeder von A, B verschiedene Punkt X des Bogens hat die Signatur + + +.

Die Punkte ax, bx, ux gehören den Segmenten a_+ bzw. b_+, u_+ an. Jede von a, b verschiedene Tangente x hat die Signatur + + +.

Nun halten wir das Element $X*x$ fest und lassen das Element $Y*y$ von $X*x$ aus dem Bogen entlang einerseits nach $A*a$ und anderseits nach $B*b$ laufen.

Der Spurpunkt der Tangente y in der Geraden UX bewegt sich nach **15 a,** weil UX außer X keinen Punkt des Bogens enthält und dieser singularitätenfrei ist, in beiden Fällen auf *demselben* Segment UX_+ ohne Sinnänderung von X nach U.

Der Verbindungsstrahl des Punktes Y nach dem Punkte ux überstreicht nach **15 A,** weil ux außer x keine Tangente sendet, in beiden Fällen *denselben* vollständigen Winkel ux_+ von x bis u.

Lassen wir nun $X*x$ wieder von $A*a$ bis $B*b$ laufen, so erfüllen somit die Punkte aller Segmente UX_+ ein zusammenhängendes Punktgebiet (2•), dessen Punkte sämtlich je genau zwei Tangenten senden und die Signatur + + + besitzen.

Die Strahlen aller Winkel ux_+ erfüllen einen zusammenhängenden Strahlenbereich (2'), dessen Strahlen sämtlich je genau zwei Punkte mit dem Bogen gemeinsam haben und die Signatur +++ besitzen.

Ferner folgt für festgehaltenes $X*x$, dass die Bewegungen von XY und von xy in X bzw. x keine Sinnänderungen erleiden. Das heißt aber nach der Erklärung des einfachen Bogens: *Jeder Teilbogen eines einfachen Bogens ist selbst ein einfacher Bogen.*

18 Aa *Jeder einfache Bogen ist singularitätenfrei; ist (A … B) ein einfacher Bogen, so sind auch (B … A) und jeder beliebige Teilbogen einfache Bögen.*

Überschreitet ein Punkt Z eine der Endtangenten a, b an einer von A bzw. B verschiedenen Stelle, so wird genau eine von Z an den Bogen gesandte Tangente gewonnen oder verloren. In der Tat, würde man den Bogen über A bzw. B hinaus derart fortsetzen, dass ein reguläres Element $A*a$ bzw. $B*b$ entstünde, so hätte man nach Satz **17A** genau zwei Tangenten gewonnen oder verloren. Da nach dem Beweis von **17A** hierbei diese beiden Tangenten «vor» und «nach» A bzw. B berühren, fällt in unserem Falle eine dieser beiden Tangenten außer Betracht.

Überschreitet die Gerade z einen der Endpunkte A, B in einem von a bzw. b verschiedenen Strahl, so wird genau ein gemeinsamer Punkt von z mit dem Bogen gewonnen oder verloren.

Die Ergebnisse lassen sich wie folgt zusammenfassen (Figuren 43 und 44):

19 A *Die von A und B verschiedenen Punkte eines einfachen Bogens ($A*a$ … $B*b$) gehören einem der vier dreiseitigen Punktgebiete an, in die das Punktfeld durch die Geraden a, b, u = AB zerlegt wird. Der vollständige Winkel U_+, dessen Strahlen jenes Punktgebiet enthalten, wird als Punktgebiet durch den Bogen als Punktgebilde in zwei in sich zusammenhängende Gebiete zerlegt, in ein Gebiet* $(2^\bullet)$, *dessen Punkte je genau zwei, und in ein Gebiet* $(0^\bullet)$, *dessen Punkte keine Tangenten senden; die Punkte der Strahlen in U_- senden je genau eine Tangente, sie bilden das Gebiet* $(1^\bullet)$.

19 a *Die von a und b verschiedenen Tangenten eines einfachen Bogens ($A*a$ … $B*b$) gehören einem der vier dreieckigen Strahlenbereiche an, in die das Strahlenfeld durch die Punkte A, B, U = ab gegliedert wird. Das Segment u_+, dessen Punkte die Strahlen jenes Strahlenbereiches enthalten, wird als Strahlenbereich durch den Bogen als Strahlengebilde in zwei in sich zusammenhängende Bereiche gegliedert, in einen Bereich* $(2')$, *dessen Strahlen je genau zwei, und in einen Bereich* $(0')$, *dessen Strahlen keine gemeinsamen Punkte mit dem Bogen besitzen; die Strahlen der Punkte in u_- haben je genau einen Punkt mit dem*

Bogen gemeinsam, sie bilden den Bereich (1').

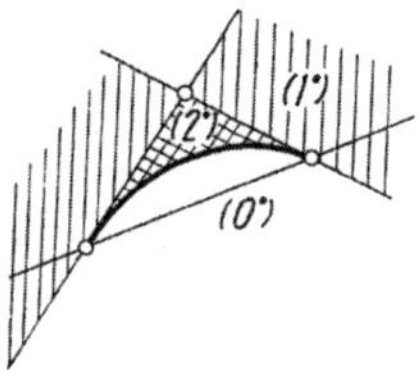

Figur 43

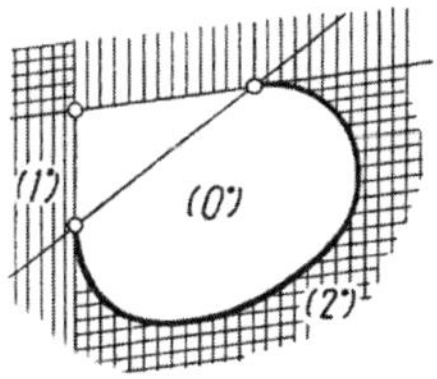

Figur 44

Mit den Sätzen **18 Aa** und **19 Aa** ist die Struktur eines einfachen Bogens völlig geklärt.

Zwei beliebige Elemente $A*a$, $B*b$, für welche weder A auf b noch B auf a fällt, kann man auf verschiedene Arten durch einen einfachen Bogen verbinden. Insbesondere kann man jedes der vier Gebiete, die durch a, b und $u = AB$ bestimmt sind, als Durchgangsgebiet des Bogens wählen. Es gibt zwischen zwei gegebenen Elementen $A*a$, $B*b$ somit wesentlich vier verschiedene Arten der Verbindung durch einfache Bögen (Figur 45). Diese Verbindung betrachten wir als eine Grundkonstruktion, deren Durchführung immer möglich ist.

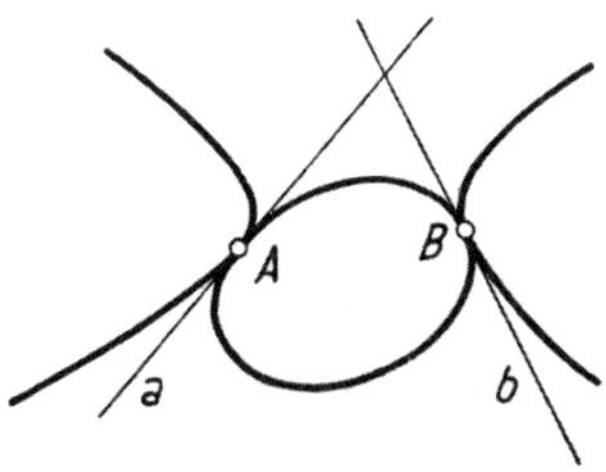

Figur 45

Anmerkung: Wählt man in einem der vier Gebiete einen Punkt C, so ist durch $A*a$, $B*b$, C genau ein Kegelschnitt bestimmt, von dem man mit dem Lineal allein beliebig viele Punkte konstruieren kann. Dieser Kegelschnitt ist aus zwei einfachen Bögen zusammengesetzt, die $A*a$ mit $B*b$ verbinden.

5 Der C-Bogen und die Eilinie

Eine wichtige Rolle spielt eine Sorte von Bögen, die sich als Grenzfall des einfachen Bogens ergeben. Wir denken uns einen einfachen Bogen über ein Endelement hinaus derart fortgesetzt, dass jede Singularität vermieden wird. Wir setzen so lange fort, bis die Endtangente zum ersten Mal durch den Anfangspunkt *A* geht oder – was offensichtlich dasselbe Gebilde liefert – bis der Endpunkt zum ersten Mal auf die Anfangstangente *a* zu liegen kommt. Im Hinblick auf die entfernte Ähnlichkeit mit dem Buchstaben C nennen wir einen solchen Bogen einen C-Bogen (Figur 46): *Einen elementaren Bogen, für den jeder Teilbogen einfach ist und bei dem die Tangente des einen Endpunktes durch den anderen Endpunkt geht, nennen wir einen* C-*Bogen.*

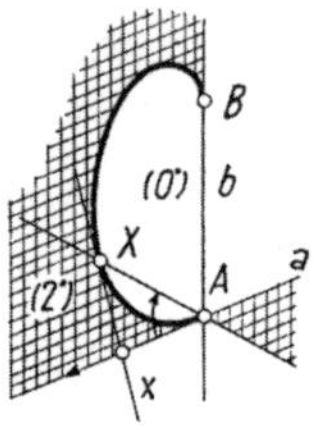

Figur 46

Ein C-Bogen ist ein zu sich polares Gebilde. Durchläuft $X*x$ den C-Bogen vom Anfangselement $A*a$ aus bis zum Endelement $B*b$, wobei *b* durch *A* geht, so bewegt sich *AX* gleichsinnig von *a* bis *b*, und *ax* durchläuft die Gerade *a* gleichsinnig genau einmal von *A* bis *A*. Dies folgt unmittelbar aus der Erklärung. Die Struktur des C-Bogens ist als Grenzfall des einfachen Bogens leicht zu überschauen: Das dreiseitige Punktgebiet beim einfachen Bogen (Figur 43), das zum Gebiet ($0^\bullet$) gehört, ist verschwunden; ($0^\bullet$) ist begrenzt vom Bogen und vom Segment *u*_ auf der Geraden *AB*, das auch in einen Punkt ausarten kann, nämlich dann, wenn *B* mit *A* zusammenfällt.

Ein geschlossener C-Bogen, für den also *B* mit *A* und *b* mit *a* zusammenfällt, nennen wir *Eilinie*. Jedes Element $X*x$ einer Eilinie kann als «Anfangselement» betrachtet werden. Für eine Eilinie sind das Gebiet ($1^\bullet$) und der Bereich ($1^\prime$) verschwunden. Wir haben nach **19 Aa** sofort:

20 Aa *Ein einfacher Bogen sowie ein C-Bogen, also insbesondere eine Eilinie, haben mit jeder Geraden höchstens zwei gemeinsame Punkte und senden durch jeden Punkt höchstens zwei Tangenten.*

Dieser Satz ist umkehrbar. Bevor wir diese Umkehrung erläutern, wollen wir noch einige wichtige Eigenschaften der verschiedenen Sorten von singulären Stellen kennenlernen.

21 Aa *Zu jedem beliebig beschränkten Stück eines elementaren Bogens, das eine Wendestelle oder eine Dornspitze enthält, kann man in der Umgebung der Tangente dieser Stelle Geraden finden, die mit dem Bogenstück drei Punkte gemeinsam haben, und in der Umgebung des Punktes dieser Stelle lassen sich Punkte angeben, die drei Tangenten senden. Bei hinreichender Beschränkung des Bogenstückes kann die Zahl* 3 *nicht übertroffen werden. – Ist die singuläre Stelle eine Schnabelspitze, so kann man in der Umgebung der Schnabeltangente Geraden finden, die mit dem Bogenstück vier Punkte gemeinsam haben, und in der Umgebung des Schnabelpunktes lassen sich Punkte angeben, die vier Tangenten an das Bogenstück senden. Bei hinreichender Beschränkung des Bogenstückes kann die Zahl* 4 *nicht übertroffen werden.*

Beweis: Wir beschränken die Umgebung der singulären Stelle derart, dass die Bogenteile vor und nach dieser Stelle einfache Bögen sind. Die Erklärung der einzelnen Singularitäten und die Ergebnisse über die verschiedenen Gebiete und Bereiche eines einfachen Bogens liefern dann den im Folgenden kurz angedeuteten Sachverhalt.

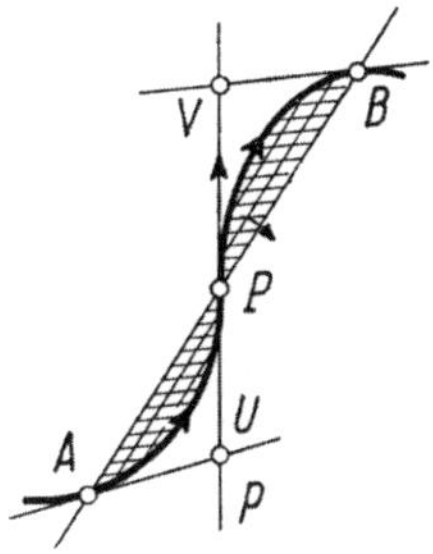

Figur 47

a) Das Element $P*p$ sei eine *Wendestelle* (Figur 47). Da die Bewegung von PX eine Sinnänderung erleidet, wenn X den Punkt P überschreitet, kann man eine Gerade f durch P angeben, die den Bogenteil vor P in A, den Bogenteil nach P in B trifft. $(A \dots P)$ und $(P \dots B)$ sind einfache Bögen. Da px keine Änderung des Bewegungssinnes erfährt, liegt das Gebiet $(2^\bullet)_{AP}$ des einfachen Bogens $(A \dots P)$ im Gebiet $(1^\bullet)_{PB}$ des einfachen Bogens $(P \dots B)$, ferner ist $(2^\bullet)_{PB}$ in $(1^\bullet)_{AP}$ enthalten. Da $(2^\bullet)_{AP}$ und $(2^\bullet)_{PB}$ aber einzig den Randpunkt P gemeinsam haben, gibt es somit in der Umgebung von P Punkte, die an $(A \dots B)$ drei Tangenten senden, hingegen keine Punkte, die mehr als drei Tangenten senden.

b) Das Element $P*p$ sei eine *Dornspitze* (Figur 48). Polar zum Falle a).

c) Das Element $P*p$ sei eine *Schnabelspitze* (Figur 49). Da die Bewegung von PX beim Überschreiten von p den Sinn ändert, kann man eine Gerade f durch P angeben, die den P vorangehenden Teil des Bogens in A, den auf P folgenden Teil des Bogens in B trifft. Da die Bewegung von px auch eine

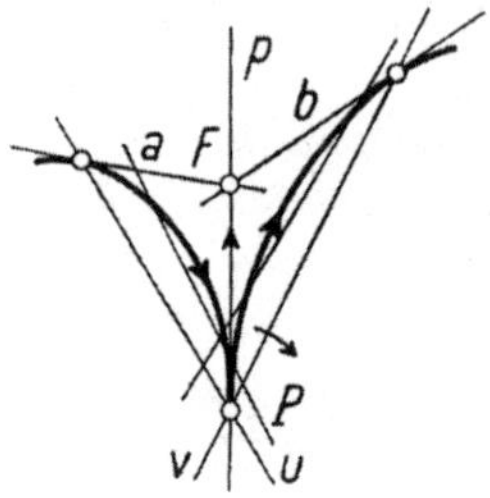

Figur 48

Sinnänderung erfährt, haben die beiden Gebiete $(2^\bullet)_{AP}$ und $(2^\bullet)_{PB}$ ein Segment von *p* als gemeinsame Begrenzung. Eines der beiden Gebiete liegt im anderen. Die gemeinsamen Punkte, die man in der Umgebung von *P* wählen kann, senden vier Tangenten. Mehr als vier Tangenten sind unmöglich, da zwei einfache Bögen höchstens vier Tangenten durch einen Punkt senden. Die polare Figur ergibt, dass es in der Umgebung von *p* Geraden gibt, die vier (aber nicht mehr) Punkte mit dem Bogen gemeinsam haben. ■

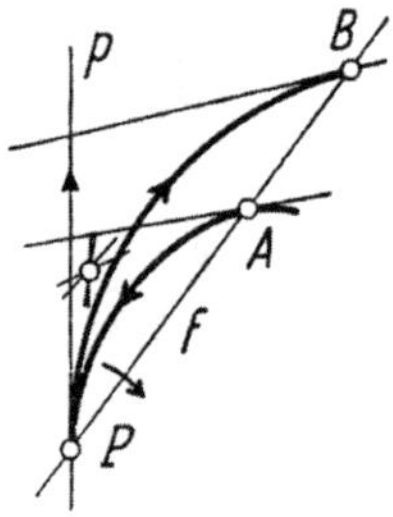

Figur 49

22 A *In jeder beliebig beschränkten Umgebung einer Doppeltangente d gibt es Geraden, die mit dem Bogen vier gemeinsame Punkte haben, und in der Umgebung des einen wie des anderen Berührungspunktes P, Q gibt es Punkte, die drei Tangenten senden. Sind P*d, Q*d reguläre Elemente, so lässt sich bei hinreichender Beschränkung der beiden Bogenstücke, welche je einen der Berührungspunkte enthalten, die Zahl* 4 *nicht überschreiten, und, sofern P und Q nicht zusammenfallen, auch die Zahl* 3 *nicht.*

22 a *In jeder beliebig beschränkten Umgebung eines Doppelpunktes D gibt es Punkte, die vier Tangenten an den Bogen senden, und in der Umgebung der einen wie der anderen Tangente p, q in D gibt es Geraden, die mit dem Bogen drei Punkte gemeinsam haben. Sind D*p, D*q reguläre Elemente, so lässt sich bei hinreichender Beschränkung der beiden Bogenstücke, welche je eine der Tangenten p, q enthalten, die Zahl* 4 *nicht überschreiten, und, sofern p und q nicht zusammenfallen, auch die Zahl* 3 *nicht.*

Beweis von **22 A** (Figur 50): Wir nehmen an, $P*d$ und $Q*d$ seien reguläre Elemente und Q sei von P verschieden. Wir wählen aus dem gegebenen Bogen einfache Bögen, die P bzw. Q als inneren Punkt enthalten. Durchläuft nun Y den einfachen Bogen, der Q enthält, so bewegt sich QY ohne Sinnänderung über d hinweg. Hierbei wird von QY auch P überschritten; nach **17 a** ändert sich somit die Anzahl der gemeinsamen Punkte von QY mit dem einfachen Bogen, der P enthält, um + 2 oder − 2. Die Gerade QY hat also entweder dann, bevor Y nach Q gelangt, oder dann, wenn Y die Stelle Q überschritten hat, vier Punkte mit den beiden einfachen Bögen gemeinsam. Mehr als vier sind nach **20 Aa** nicht möglich. Ferner können wir die einfachen Bögen derart beschränken, dass ihre $(2^\bullet)$-Gebiete in Umgebungen von P und Q liegen, die so klein sind, wie man will. Da P hierbei im $(1^\bullet)$-Gebiet des Q enthaltenden Bogens und Q im $(1^\bullet)$-Gebiet des P enthaltenden Bogens liegt, gibt es in den Umgebungen von P und Q Punkte, die drei, aber nicht mehr als drei Tangenten senden.

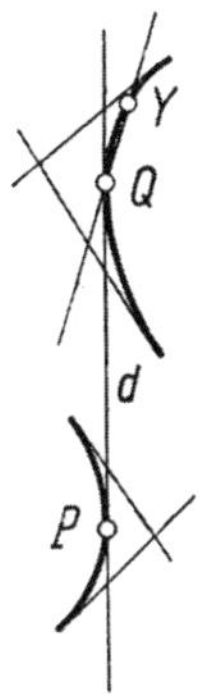

Figur 50

Fällt Q mit P zusammen, so hat man sofort Geraden, die in 4 Punkten treffen. Dass dann die obige Zahl 3 auf 4 erhöht werden kann, ist auch ohne weiteres klar.

Sind nicht beide Elemente $P*d$, $Q*d$ regulär, so ergibt sich die Behauptung sofort mit Hilfe von **21 Aa.** ■

Man beachte besonders den Umstand, dass eine Doppeltangente oder ein Doppelpunkt eines elementaren Bogens sich in Bezug auf die Punkt- und Strahlenumgebung *nicht* polar verhalten.

23 A *Ein elementarer Bogen, der mit jeder Geraden höchstens zwei gemeinsame Punkte besitzt, ist ein einfacher Bogen oder ein C-Bogen, im Sonderfall eine Eilinie.*

23 a *Ein elementarer Bogen, der durch jeden Punkt höchstens zwei Tangenten sendet, ist ein einfacher Bogen oder ein C-Bogen, im Sonderfall eine Eilinie.*

Beweis: Aus den Sätzen **21 Aa** und **22 Aa** folgt zunächst, dass der in Rede stehende elementare Bogen jedenfalls weder eigentliche Singularitäten noch mehrfache Punkte oder mehrfache Tangenten besitzen kann. Der Bogen ist singularitätenfrei. Das Element X^*x durchlaufe ihn vom Anfangselement A^*a bis zum Endelement B^*b. Wir untersuchen, wann die Bewegungen von AX und ax Sinnänderungen erfahren. Weil keine Singularitäten vorhanden sind, ändert sich nach dem Hauptsatz **15 Aa** der Sinn der Bewegungen von AX und ax dann und nur dann, wenn AX eine Tangente bzw. wenn ax ein Bogenpunkt wird. Tritt von den beiden Sachverhalten «AX wird Tangente» und «ax wird Bogenpunkt» keiner auf, so ist (A … B) ein einfacher Bogen.

Tritt zuerst der Sachverhalt ein: «AX wird Tangente», und ist K der Berührungspunkt, so stellt (A … K) einen C-Bogen dar. Für einen auf K folgenden Bogenpunkt Y hätte AY noch einen Punkt X vor K mit dem Bogen (A … K) gemeinsam, was nach Voraussetzung zu Satz **23 A** ausgeschlossen ist. Ferner enthielte die Tangente y in Y Punkte, die an (A … K) zwei Tangenten, also mit y zusammen an (A … Y) drei Tangenten senden würden, was der Voraussetzung von **23 a** widerspräche. Der vorgelegte Bogen ist somit ein C-Bogen.

Die polare Überlegung liefert dasselbe für den Fall, dass zuerst der Sachverhalt «ax wird Bogenpunkt» eintritt. Im Sonderfall, wo das Element K^*k mit dem Element A^*a zusammenfällt, ist der C-Bogen eine Eilinie. ■

6 Form und Gegenform

Bevor wir den systematischen Aufbau fortsetzen, empfiehlt es sich, einige anschauliche Betrachtungen einzufügen. Zu jeder Form in der Ebene gibt es eine polare ebene Form, die «Gegenform». Dies folgt aus der in sich polaren Struktur der Grundsätze. Schon im bisher Behandelten kam dieses Polaritätsgesetz durchwegs zur Geltung. Einige Entsprechungen sind in der folgenden Tabelle zusammengestellt.

Punktfeld	Strahlenfeld
Punkt	Gerade
liegen in	gehen durch
verbinden	schneiden
Punktreihe	Strahlenbüschel
elementarer Bogen als Punktgebilde	elementarer Bogen als Strahlengebilde
Doppelpunkt	Doppeltangente
singulärer Punkt	singuläre Tangente
Dornspitze	Wendestelle

Schnabelspitze
gemeinsame Punkte einer Geraden mit einem Bogen als Punktgebilde

Schnabelspitze
gemeinsame Geraden eines Punktes mit einem Bogen als Strahlengebilde

Wir stellen im Folgenden einfache Beispiele von Formen und ihren Gegenformen zusammen, einzig um die Anschauung zu beleben und um auf einige besondere Umstände hinzuweisen.

Figur 51 A: Eine Eilinie als Punktgebilde zerlegt die Ebene als Punktfeld in zwei Gebiete. Die Punkte des *inneren* Gebietes senden keine, die Punkte des *äußeren* Gebietes senden genau zwei Tangenten an die Eilinie.

Figur 51 a: Eine Eilinie als Strahlengebilde zerlegt die Ebene als Strahlenfeld in zwei Bereiche. Die Strahlen des *inneren* Bereiches (ausgezogene Geraden) haben keine, die Strahlen des *äußeren* Bereiches (gestrichelte Geraden) genau zwei Punkte mit der Eilinie gemeinsam.

Figur 51 A

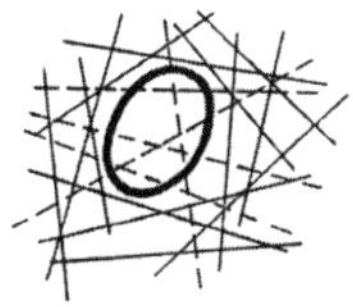
Figur 51 a

Figur 52 Aa: Zwei Eilinien, von denen die eine als Punktgebilde im inneren Punktgebiet der anderen liegt, zerlegen das Punktfeld in drei Gebiete: ein Innen-, Zwischen- und Außengebiet.

Figur 52 Aa

Zwei Eilinien, von denen die eine als Strahlengebilde im inneren Strahlenbereich der anderen liegt, gliedern das Strahlenfeld in drei Bereiche: einen Innen-, Zwischen- und Außenbereich.

Figur 53 A: Zwei Eilinien ohne gemeinsame Punkte, aber mit vier gemeinsamen Tangenten zerlegen das Punktfeld in drei Gebiete. Die

Figur 53 a: Zwei Eilinien ohne gemeinsame Tangenten, aber mit vier gemeinsamen Punkten zerlegen das Strahlenfeld in drei Bereiche. Die

Punkte des einen Gebietes senden genau vier Tangenten.

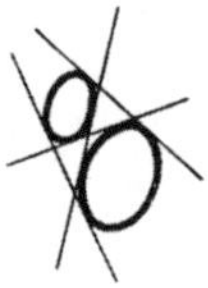

Figur 53 A

Strahlen des einen Bereiches haben genau vier Punkte mit den Eilinien gemeinsam.

Figur 53 a

Figur 54 Aa: Zwei Eilinien mit vier gemeinsamen Punkten und vier gemeinsamen Tangenten.

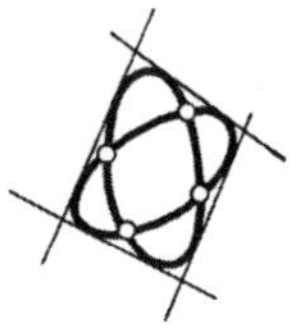

Figur 54 Aa

Figur 55 A: Ein einfacher Bogen erhalte eine Einbuchtung, so dass zwei Wendestellen und eine Doppeltangente entstehen.

Figur 55 A

Figur 55 a: Ein einfacher Bogen erhalte ein «Hörnerpaar» (Cuspidalpaar), so dass zwei Dornspitzen und ein Doppelpunkt entstehen.

Figur 55 a

Man verfolge im Einzelnen, wie in Figuren 55 A und 55 a die Punkte und Strahlen der Umgebung einander entsprechen.

Figur 56 A: Eine Elementarkurve, die als einzige Singularitäten eine Dornspitze und eine Doppeltangente besitzt.

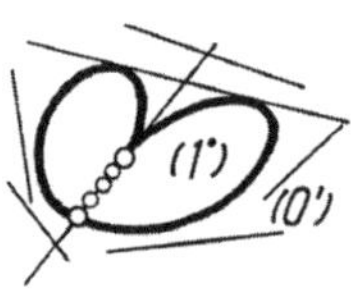

Figur 56 A

Figur 56 a: Eine Elementarkurve, die als einzige Singularitäten eine Wendestelle und einen Doppelpunkt besitzt.

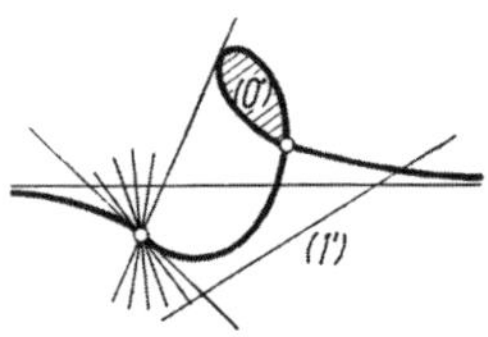

Figur 56 a

Dem Gebiet $(1^{\bullet})$ in Figur 56 A, dessen Punkte je eine Tangente senden, entspricht der Bereich $(1')$ in Figur 56 a, dessen Strahlen mit der Kurve je einen Punkt gemeinsam haben. Man verfolge die weiteren Entsprechungen, wie zum Beispiel vom Bereich $(0')$ in Figur 56 A zum Gebiet $(0^{\bullet})$ in Figur 56 a usw.

Allgemein ist zu beachten: *Ist eine Elementarkurve gegeben und kann man keinen Punkt finden, der keine Tangenten sendet, so erstreckt sich die Gegenform notwendig über das «Unendliche»*. Für diese gibt es dann nämlich keine Gerade, welche sie nicht treffen würde.

Figur 57A: Elementarkurve mit einem Doppelpunkt und einer Doppeltangente als einzigen Singularitäten.

Figur 57a: Wie 57A.

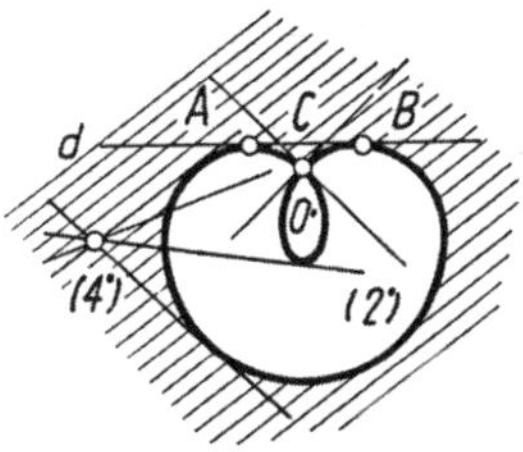

Figur 57 A

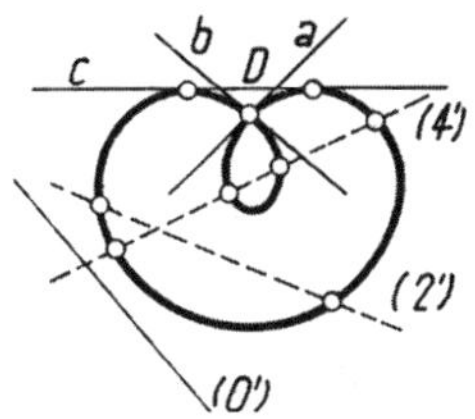

Figur 57 a

Als bloßes Figurenzeichen sind die beiden Formen identisch. Man verfolge, wie den Punktgebieten $(0^{\bullet})$, $(2^{\bullet})$ und $(4^{\bullet})$ in Figur 57A gewisse Strahlenbereiche $(0')$, $(2')$ und $(4')$ in Figur 57 a entsprechen.

Figur 58 A: Elementarkurve mit vier Wendestellen und zwei Doppeltangenten.

Figur 58 a: Elementarkurve mit vier Dornspitzen und zwei Doppelpunkten.

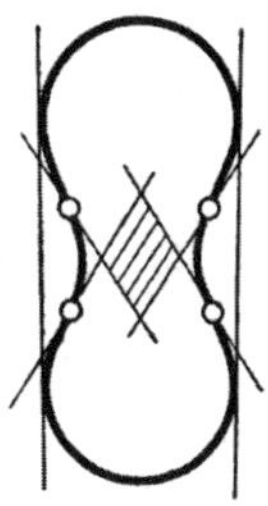

Figur 58 A

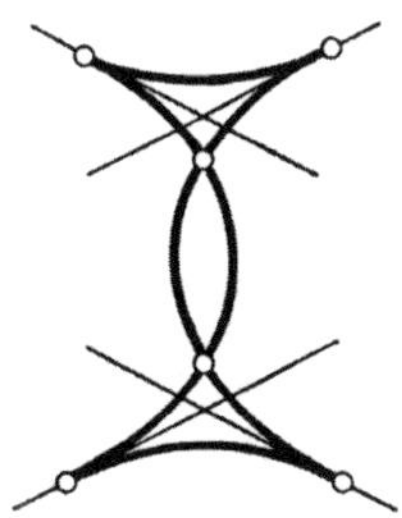

Figur 58 a

Dem Gebiet $(0^\bullet)$ in Figur 58 A, dessen Punkte keine Tangenten senden, entspricht der Bereich $(0')$ in Figur 58 a, dessen Strahlen nicht schneiden.

Figur 59 A: Elementarkurve mit einer Dornspitze und zwei Wendestellen. Die Wendetangenten und die Dorntangente gehen durch einen Punkt.

Figur 59 a (zwei Formen): Elementarkurve mit einer Wendestelle und zwei Dornspitzen. Die Dornspitzen und die Wendestelle liegen in einer Geraden.

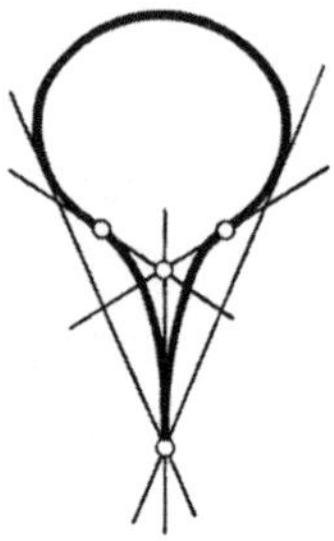

Figur 59 A

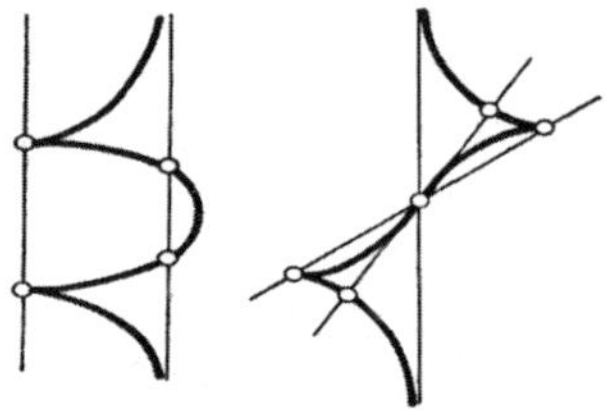

Figur 59 a

Figur 60 a: Man verfolge die Entsprechungen von $(0^\bullet)$, $(2^\bullet)$, $(0')$ der oberen Figur zu $(0')$, $(2')$, $(0^\bullet)$ der unteren Figur.

Figuren 60 a bis 60 i: Man betrachte zunächst die oberhalb der Buchstaben a, b, c, …, i stehenden Figuren. Ausgehend von a wurde fortlaufend die Ausbuchtung ausgeweitet, so dass schließlich (i) eine Form mit neun Doppeltangenten entsteht. Man verfolge, wie sich die entsprechenden Gegenformen verändern.

Im nächsten Kapitel werden wir den systematischen Aufbau fortsetzen.

7 Die Struktur des Spiralenbogens

Wir betrachten einen elementaren Bogen mit dem Anfangselement $A*a$ und dem Endelement $B*b$, der keine Singularitäten, also keine Wendestelle oder Dornspitze oder Schnabelspitze und auch keine mehrfachen Punkte oder mehrfachen Tangenten besitzt. Das Ziel der Untersuchung besteht in der Einsicht in die Struktur eines solchen singularitätenfreien Bogens, den wir *Spiralenbogen* nennen. Das Ergebnis der folgenden Betrachtungen wird diesen Namen rechtfertigen. Sonderfälle von Spiralenbögen sind der einfache Bogen und der C-Bogen, insbesondere die Eilinie.

Wir erläutern zur Vorbereitung der folgenden Betrachtungen zunächst einen anschaulich klaren Sachverhalt. Es sei $(A \dots K)$ ein einfacher Bogen oder ein C-Bogen.

Figur 60a (oben): Elementarkurve mit einer Doppeltangente und zwei Wendestellen. Der Schnittpunkt der Wendetangenten sende außer diesen keine weiteren Tangenten.

Figur 60a (unten): Elementarkurve mit einem Doppelpunkt und zwei Dornspitzen. Die Verbindungsgerade der Dornspitzen enthalte außer diesen keine Kurvenpunkte.

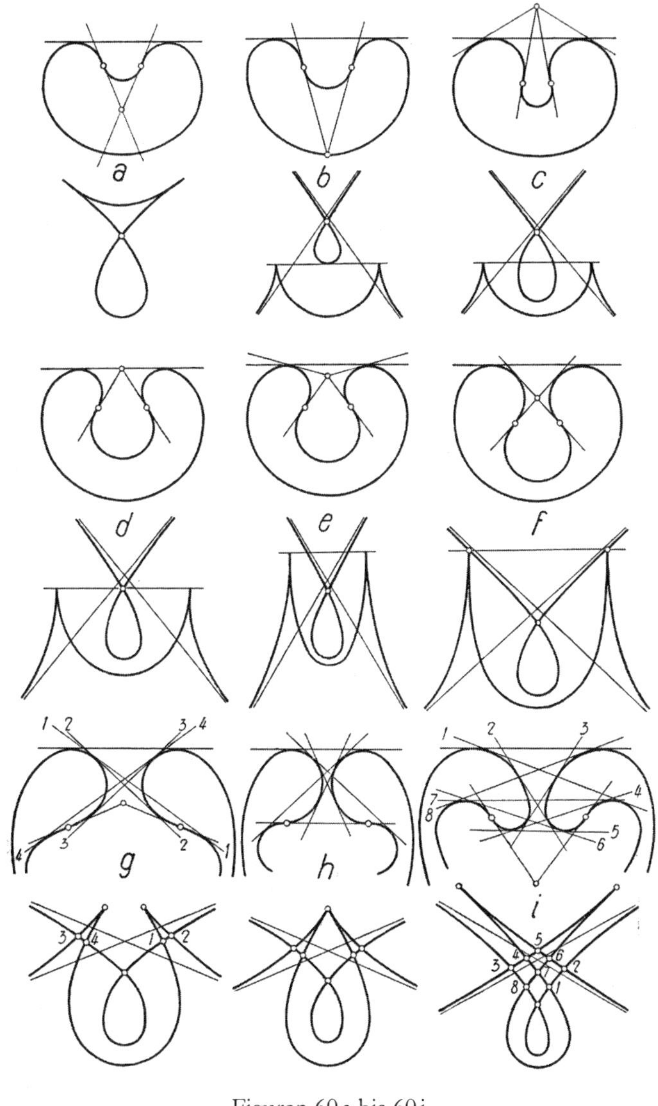

Figuren 60a bis 60i

In Satz **19 A** ist das Gebiet ($0^\bullet$) und dessen Begrenzung für einen einfachen Bogen, am Anfang von Kapitel 5 für einen C-Bogen erklärt. Nun sei R ein Punkt eines solchen Gebietes und S ein Punkt, der weder dem Gebiet ($0^\bullet$) noch dessen Begrenzung angehört. Die Punkte R und S seien die Endpunkte eines beliebigen elementaren Bogens.

Seien r und s die Endtangenten eines elementaren Bogens und sei r eine Gerade des Strahlenbereiches ($0'$) eines einfachen Bogens oder eines C-Bogens, während s weder zu ($0'$) noch zur Begrenzung von ($0'$) gehört.

Der elementare Bogen ($R \ldots S$) *hat mit der Begrenzung des Gebietes* ($0^\bullet$) *mindestens einen Punkt gemeinsam.*

Der elementare Bogen ($r \ldots s$) *hat mindestens einen Strahl mit der Begrenzung von* ($0'$) *gemeinsam.*

Beweis (*links*)*:* Der elementare Bogen ($R \ldots S$) kann nach Erklärung als eindeutiges und stetiges Bild einer Strecke $s = R_0S_0$ aufgefasst werden. Nun teilen wir die von R_0 verschiedenen Punkte der durch s bestimmten Geraden in zwei Teilmengen. Der ersten Teilmenge soll jeder Punkt P_0 der Strecke s angehören, für den die Bilder aller Punkte der abgeschlossenen Teilstrecke R_0P_0 dem Gebiete ($0^\bullet$) angehören. Alle übrigen Punkte der Geraden zählen wir zur zweiten Teilmenge. Diese Teilmengen erfüllen die Voraussetzungen des Axioms **I** der Lückenlosigkeit. Es gibt somit einen Punkt T_0 der Strecke s, der diese Teilung bewirkt. Da das Bild T von T_0 kein Punkt aus ($0^\bullet$) sein kann, aber in jeder Umgebung von T Punkte von ($0^\bullet$) liegen, gehört T der Begrenzung von ($0^\bullet$) an. ■

Ein hinreichend beschränktes Anfangsstück des Bogens ist ein einfacher Bogen. Es fragt sich, wann die Eigenschaft, einfach zu sein, verloren geht. Dies tritt nach dem Hauptsatz **15 Aa** dann und nur dann ein, wenn sich einer der beiden folgenden Sachverhalte einstellt (das Element X^*x durchläuft den Bogen von A^*a aus):

1. die Gerade AX wird eine Tangente des Bogens;
2. der Punkt ax fällt in einen Punkt des Bogens.

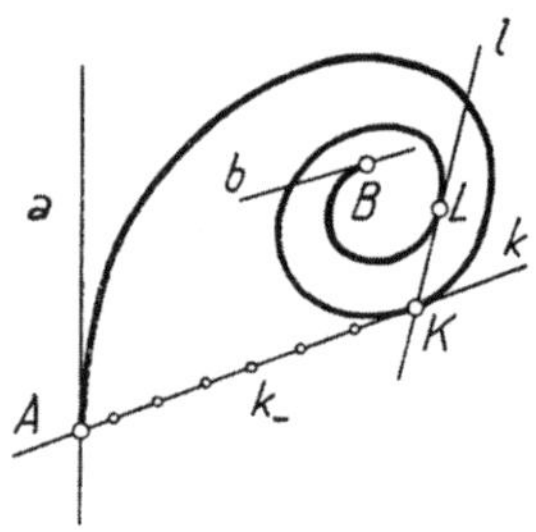

Figur 61

1. Nehmen wir an, es trete der erstgenannte Sachverhalt ein (Figur 61). Es sei K der entsprechende Punkt des Bogens, $AK = k$ seine Tangente. Der Bogen $(A \ldots K)$ ist also ein C-Bogen. Es sei $(0^\bullet)_{AK}$ das Gebiet, dessen Punkte keine Tangenten an den C-Bogen $(A \ldots K)$ senden. Wenn K nicht bereits der Endpunkt B ist, so bewegt sich KX über k hinaus ohne Sinnänderung weiter. Da hierbei AX in k eine Sinnänderung erleidet, muss der Bogen von K aus in das Punktgebiet $(0^\bullet)_{AK}$ eindringen. Aus diesem Gebiete könnte der Bogen nur heraustreten, wenn er dessen Begrenzung überschritte. Ein Überschreiten des Bogens $(A \ldots K)$ ist unmöglich, weil Doppelpunkte nicht vorkommen. Ein Überschreiten des übrigen Randes von $(0^\bullet)_{AK}$, nämlich des Segmentes $k\_$, kann nur eintreten, wenn entweder KX sich ohne Sinnänderung weiterbewegt bis k und darüber hinaus oder wenn KX nach einer ungeraden Anzahl von Sinnänderungen sich schließlich bis k «zurück» dreht. Der erste Fall ist ausgeschlossen, da ein Doppelpunkt auftreten müsste. Im zweiten Falle sei KL die erste Lage von KX, in der eine Sinnänderung eintritt. Der Bogen $(K \ldots L)$ ist dann ein C-Bogen. Dieser C-Bogen bestimmt ein Punktgebiet $(0^\bullet)_{KL}$, das ganz in $(0^\bullet)_{AK}$ enthalten ist. Die weitere Bewegung von KX über KL hinweg kann somit nicht bis k führen, da sonst ein Doppelpunkt auf $(K \ldots L)$ entstehen müsste. Durch Wiederholung desselben Schlusses erhält man somit: Der Spiralenbogen $(A \ldots B)$ besteht aus einer Folge von *endlich* vielen C-Bögen $(A \ldots K)$, $(K \ldots L)$, $(L \ldots M)$, …, an die sich unter Umständen noch ein einfacher Bogen als Restbogen anschließt. Jedes der Gebiete $(0^\bullet)_{AK}$, $(0^\bullet)_{KL}$, $(0^\bullet)_{LM}$, … enthält das nachfolgende als Teilgebiet.

Insbesondere gibt es also ein Gebiet von Punkten, die *keine* Tangenten senden, ferner einen Bereich von Strahlen, die keine Bogenpunkte enthalten. Letzteres folgt daraus, dass der Bogen als Punktgebilde ganz in einem der beiden von a und k gebildeten vollständigen Winkel liegt.

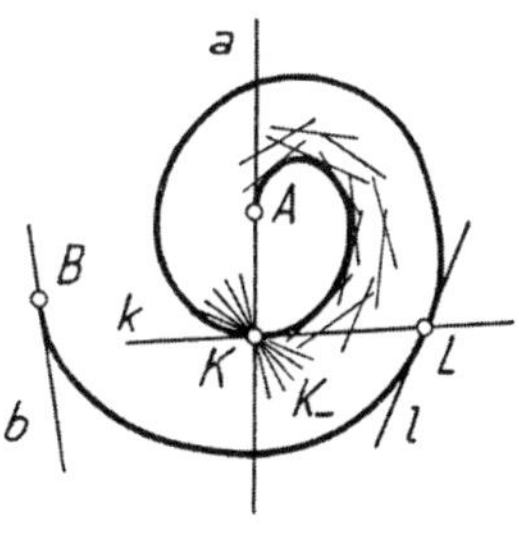

Figur 62

2. Jetzt prüfen wir den Fall, in dem von den beiden oben erwähnten Sachverhalten zuerst der zweitgenannte eintritt (Figur 62). Es sei K der erste Punkt nach A auf a, der von ax überschritten wird. Der Bogen $(A \ldots K)$ ist

ein C-Bogen. Es sei $(0')_{AK}$ der Bereich, dessen Strahlen keine gemeinsamen Punkte mit $(A \ldots K)$ besitzen. Betrachten wir jetzt die Bewegung von *kx*. Wenn *x* die Tangente *k* überschreitet, so bewegt sich *kx* in *k* über *K* hinaus ohne Sinnänderung, während *ax* in *K* eine Sinnänderung erleidet. Ist *y* eine kurz auf *k* folgende Tangente, so muss somit *y* dem Bereich $(0')_{AK}$ angehören. Aus diesem Bereiche könnte der Bogen als Strahlengebilde nur heraustreten, wenn er dessen Begrenzung überschritte. Diese besteht einerseits aus allen Tangenten von $(A \ldots K)$ und andererseits aus allen Strahlen des einen von *a* und *k* gebildeten vollständigen Winkels $K\_$. Ein Überschreiten von $(A \ldots K)$ als Strahlengebilde ist unmöglich, weil Doppeltangenten ausgeschlossen sind. Ein Überschreiten von $K\_$ kann nur eintreten, wenn entweder *kx* sich ohne Sinnänderung weiterbewegt bis *K* und darüber hinaus oder wenn *kx* nach einer ungeraden Anzahl von Sinnänderungen sich schließlich bis *K* «zurück» bewegt. Der erste Fall ist ausgeschlossen, da eine Doppeltangente auftreten müsste. Im zweiten Falle sei *kl* die erste Lage von *kx,* wo eine Sinnänderung eintritt. Der Bogen $(K \ldots L)$ ist dann ein C-Bogen. Dieser bestimmt also einen Strahlenbereich $(0')_{\mathrm{KL}}$, der ganz in $(0')_{\mathrm{AK}}$ enthalten ist. Die weitere Bewegung von *kx* über *kl* hinweg kann somit nicht bis *K* führen, da sonst eine Doppeltangente von $(K \ldots L)$ entstünde. Durch Wiederholen desselben Schlusses ergibt sich: Der Spiralenbogen $(A \ldots B)$ besteht aus einer Folge von *endlich* vielen C-Bögen (A … $K)$, $(K \ldots L)$, $(L \ldots M)$, … , an die sich unter Umständen noch ein einfacher Bogen als Restbogen anschließt. Jeder der Bereiche $(0')_{AK}$, $(0')_{KL}$, $(0')_{LM}$, … enthält den nachfolgenden Bereich als Teilbereich.

Die beiden Gebilde (Figuren 61 und 62), die sich in den zwei zu untersuchenden Fällen ergeben haben, sind *polar* zueinander. Nun bemerkt man aber, dass es sich überhaupt um dasselbe Gebilde handelt. In der Tat, durchlaufen wir den Spiralenbogen in Figur 62 vom Endpunkt *B* aus, so tritt der erstgenannte Sachverhalt ein; der Bogen hat mit der Tangente *b* nur den Berührungspunkt *B* gemeinsam. Und umgekehrt sendet der Endpunkt *B* des Spiralenbogens in Figur 61 außer *b* keine Tangente. Wir nennen denjenigen Endpunkt, der außer seiner Tangente keine Tangenten sendet, den *inneren* Endpunkt des Spiralenbogens; den anderen den *äußeren* Endpunkt.

Der Spiralenbogen ist somit ein zu sich selbst polares Gebilde, dessen Endelemente verschiedene Qualitäten besitzen. Diese Verschiedenheit hört nur dann auf, wenn sich der Spiralenbogen auf einen einfachen Bogen reduziert.

Nun ist der folgende Satz leicht einzusehen:

24 Aa *(Satz von* A. KNESER.) *Sind $A*a$, $B*b$ die Endelemente eines beliebigen Spiralenbogens, so ist die Anzahl der von A bzw. B ausgesandten Tangenten gleich der Anzahl der Punkte des Bogens, die auf b bzw. a liegen.*

Beweis: Es sei (Figur 63) *n* die Anzahl der Punkte, welche die Tangente *a* des inneren Endpunktes außer ihrem Berührungspunkt *A* mit dem

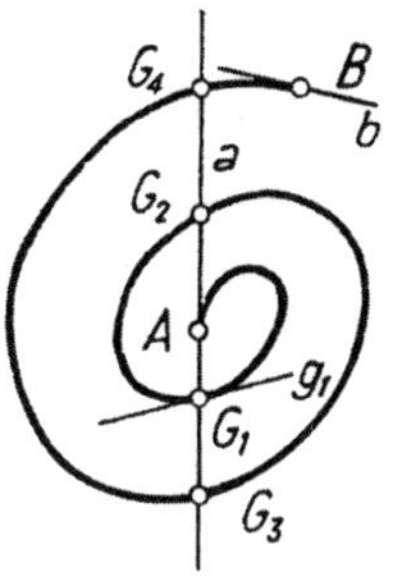

Figur 63

Spiralenbogen (A … B) gemeinsam hat. Die Gerade x durchlaufe die Tangenten des Bogens von a aus bis b. In der Endlage b hat x außer dem Berührungspunkt B keine gemeinsamen Punkte mit dem Bogen. Wir untersuchen, wie der Verlust der zu Beginn der Bewegung n gemeinsamen Punkte G_1, G_2, …, G_n (außer A) zustande kommt. Da der Bogen nach Voraussetzung keine Doppeltangenten besitzt, kann niemals ein *Berührungspunkt* außer X vorhanden sein. Somit verliert x einen gemeinsamen Punkt mit dem Bogen dann und nur dann, wenn x einen der Endpunkte A oder B überschreitet. Ein Überschreiten von A ist unmöglich, da x nach der Lage g_1 stets im Bereich (0') des C-Bogens AG_1 liegt. Die bewegliche Tangente x verliert also genau dann einen gemeinsamen Punkt mit dem Bogen, wenn sie den Punkt B überschreitet, das heißt, wenn sie zu einer der von B gesandten Tangenten wird. Der Endpunkt B sendet somit – außer b – genau n Tangenten an den Bogen. Dasselbe Ergebnis liefert die polare Schlussweise. ■

25 A *Ein Spiralenbogen, dessen Endtangenten mit ihm außer den Berührungspunkten keine gemeinsamen Punkte besitzen, ist ein einfacher Bogen.*

25 a *Ein Spiralenbogen, dessen Endpunkte außer ihrer eigenen keine Tangenten an den Bogen senden, ist ein einfacher Bogen.*

Beweis: Zunächst ergibt der Satz **24 Aa,** dass aus der Voraussetzung des einen Satzes **25 A** oder **25 a** der Inhalt der Voraussetzung des polaren Satzes **25 a** bzw. **25 A** folgt. Durchläuft nun x den Bogen (A … B), so kann sich also die Anzahl der gemeinsamen Punkte mit dem Bogen nicht ändern; x hat also nur seinen Berührungspunkt X mit dem Bogen gemeinsam. Ist a die Anfangstangente, so bewegt sich ax ohne Sinnänderung, da eine solche nur in Punkten eintreten könnte, die a außer A mit dem Bogen gemeinsam hat. Polar folgt, dass auch AX sich ohne Sinnänderung bewegt. (A … B) ist also ein einfacher Bogen. ■

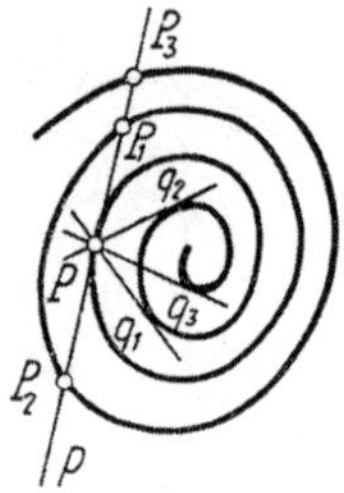

Figur 64

Aus den bisher gewonnenen Sätzen lassen sich die folgenden schönen Tatsachen ohne Schwierigkeiten einsehen (Figur 64):

26 Aa *Jedes Element P*p eines Spiralenbogens zerlegt diesen in zwei Äste mit den folgenden polaren Eigenschaften:*

Der Punkt P sendet an den äußeren Ast außer p keine weiteren Tangenten, und der Blickstrahl PX ändert seinen Bewegungssinn nicht, wenn X diesen Ast durchläuft; werden dabei hintereinander die Bogenpunkte P_1, P_2, P_3, P_4, … *auf p getroffen, so bilden die Punkte P,* P_1, P_3, P_5,… *und P,* P_2, P_4, P_6, … *natürliche Folgen von entgegengesetztem Sinne.*

Die Tangente p hat mit dem inneren Ast außer P keine gemeinsamen Punkte, und der Spurpunkt px ändert seinen Bewegungssinn nicht, wenn x diesen Ast durchläuft; werden dabei hintereinander die Tangenten q_1, q_2, q_3, q_4, … *durch P getroffen, so bilden die Strahlen p,* q_1, q_3, q_5, … *und p,* q_2, q_4, q_6, … *natürliche Folgen von entgegengesetztem Sinne.*

Setzt man einen Spiralenbogen sowohl über sein äußeres als auch über sein inneres Ende unbegrenzt fort, so dass der entstehende Bogen stets singularitätenfrei bleibt, so sprechen wir von einem *offenen Spiralenbogen.*

27 Aa *Jeder offene Spiralenbogen besitzt eine konvexe Hülle und einen konvexen Kern, denen sich der Bogen anschmiegt. Hierbei kann der Kern wie auch die Hülle ein konvexes Vieleck sein; Ersterer kann insbesondere in einen Punkt, Letztere in eine Gerade ausarten* (Figur 65).

Figur 65

Wir nennen eine *abgeschlossene* (das heißt alle ihre Häufungspunkte mit enthaltende) Punktmenge M der projektiven Ebene ein *konvexes* Gebiet, wenn es in der Ebene eine Gerade g mit der folgenden Eigenschaft gibt: Sind U und V zwei beliebige Punkte der Menge M, die nicht auf g liegen, so gehören alle Punkte der Geraden UV, die durch U und V von g getrennt sind, zur Menge M. Ein Punkt X aus M ist ein *innerer* Punkt der Menge, wenn es eine Umgebung von X gibt, deren Punkte sämtlich zu M gehören. Diejenigen Punkte der Ebene, die nicht zu M gehören, sind *äußere* Punkte. Ist R weder ein innerer noch ein äußerer Punkt, so stellt er einen Randpunkt von M dar. Alle Randpunkte bilden den *Rand* von M. Unter der im Satz **27Aa** genannten Hülle sowie dem Kern ist der Rand einer konvexen Punktmenge zu verstehen.

Beweisskizze zu **27Aa:** Man verwendet den Umstand, dass eine unbegrenzte Folge von konvexen Gebieten, in der jedes Gebiet das folgende enthält, einen konvexen «Kern» besitzt. Jedes der weiter oben in diesem Kapitel erwähnten $(0^\bullet)$-Gebiete $(0^\bullet)_{AK}$, $(0^\bullet)_{KL}$, $(0^\bullet)_{LM}$, … stellt das Innere eines konvexen Gebietes dar, dessen Rand die Begrenzung des betreffenden $(0^\bullet)$-Gebietes ist. ■

28 Aa *Zu jedem Element $P{*}p$ eines offenen Spiralenbogens gehören zwei Hüllpunkte H_1, H_2 und zwei Kernstrahlen k_1, k_2. Die Ersteren sind die Häufungspunkte der Folgen P, P_1, P_3, P_5, … bzw. P, P_2, P_4, P_6, …, die Letzteren sind die Häufungsstrahlen der Folgen p, q_1, q_3, q_5, … bzw. p, q_2, q_4, q_6, … von Satz* **26 Aa**.

29 Aa *In der Ebene jedes offenen Spiralenbogens gibt es mindestens eine Gerade, die keine Punkte des Bogens enthält, und mindestens einen Punkt, der keine Tangenten an den Bogen sendet.*

Die logarithmische Spirale zeigt, dass dieser Satz nicht verschärft werden kann, da hier nur eine einzige Gerade und nur ein einziger Punkt die geforderte Eigenschaft besitzen.

8 Allgemeine Sätze über Elementarkurven

Die Charakterisierung einer Elementarkurve, das heißt eines geschlossenen elementaren Bogens, kann von verschiedenen Gesichtspunkten her erfolgen. Vor allem bieten sich zwei Möglichkeiten: Die Kennzeichnung, wie sich eine Elementarkurve als Punktgebilde zu den Geraden des Strahlenfeldes oder wie sie sich als Strahlengebilde zu den Punkten des Punktfeldes verhält.

Wenn wir betonen wollen, dass die Elementarkurve K als Punktgebilde zu betrachten sei, so schreiben wir $K^\bullet$, entsprechend K' für das Strahlengebilde.

Wir untersuchen, wie viele Punkte irgendeine Gerade mit der Elementarkurve $K^\bullet$ gemeinsam hat. Die größte Zahl der Punkte, welche $K^\bullet$ mit einer Geraden gemeinsam haben kann, heißt die *Ordnung* der Kurve.
Ein gemeinsamer Punkt P einer Elementarkurve $K^\bullet$ mit einer Geraden g ist aus dem Wesen der Sache heraus je nach Umständen einfach oder mehrfach zu zählen.

1. Es sei P ein gemeinsamer Punkt von g mit $K^\bullet$; *die Gerade g sei von der Tangente p in P verschieden.*

a) Ist P ein regulärer Punkt, so haben wir den allgemeinen Fall vor uns. Der Punkt P wird als gemeinsamer Punkt von g und $K^\bullet$ *einfach* gezählt; P ist ein *Schnittpunkt* von g mit $K^\bullet$. In diesem Falle haben *alle* Geraden einer hinreichend beschränkten Umgebung von g in der Nachbarschaft von P nur einen Punkt mit $K^\bullet$ gemeinsam.

b) Ist P eine Spitze, so wird P *zweifach* gezählt. Jede von der Tangente verschiedene Gerade g durch die Spitze nennen wir eine *uneigentliche* Tangente. Der Grund dafür, P zweifach zu zählen, liegt darin, dass es in jeder Umgebung von g Geraden gibt, die mit $K^\bullet$ in der Nachbarschaft von P zwei (und nicht mehr) gemeinsame Punkte besitzen.

2. Es sei P ein gemeinsamer Punkt von g mit $K^\bullet$; *die Gerade g falle mit der Tangente p in P zusammen.*

a) Sind P und p regulär, so wird P als gemeinsamer Punkt von p mit $K^\bullet$ *zweifach* gezählt: *Eine reguläre Tangente p in einem regulären Punkt P hat mit $K^\bullet$ in P zwei zusammenfallende Punkte gemeinsam.*

Wir untersuchen, wie viele Geraden irgendein Punkt mit der Elementarkurve K' gemeinsam hat. Die größte Zahl der Strahlen, welche K' durch einen Punkt senden kann, heißt die *Klasse* der Kurve.
Eine Tangente p, welche eine Elementarkurve K' durch einen Punkt G sendet, ist aus dem Wesen der Sache heraus je nach Umständen einfach oder mehrfach zu zählen.

1. Es sei p ein gemeinsamer Strahl von G mit K'; *der Punkt G sei verschieden vom Berührungspunkt P von p.*

a) Ist p eine reguläre Tangente, so haben wir den allgemeinen Fall vor uns. Die Gerade p wird als gemeinsamer Strahl von G und K' *einfach* gezählt; p ist ein *Verbindungsstrahl* von G mit K'. In diesem Falle senden *alle* Punkte einer hinreichend beschränkten Umgebung von G in der Nachbarschaft von p nur einen Verbindungsstrahl nach K'.

b) Ist p eine Wendetangente, so wird p *zweifach* gezählt. Jeden vom Berührungspunkt P verschiedenen Punkt G auf einer Wendetangente nennen wir einen *uneigentlichen* Berührungspunkt. In jeder Umgebung von G gibt es Punkte, die mit K' in der Nachbarschaft von p zwei (und nicht mehr) gemeinsame Strahlen besitzen.

2. Es sei p ein gemeinsamer Strahl von G mit K'; *der Punkt G falle mit dem Berührungspunkt P von p zusammen.*

a) *Ein regulärer Punkt P mit einer regulären Tangente p hat mit K' in p zwei zusammenfallende Geraden gemeinsam.*

b) Ist P regulär, hingegen p eine Wendetangente, so wird P *dreifach* gezählt: *Eine Wendetangente p in einem regulären Punkt P hat mit $K^\bullet$ in P drei zusammenfallende Punkte gemeinsam.*

c) Ist P eine Spitze, hingegen p regulär, so wird P *dreifach* gezählt: *Die Tangente p in einer Dornspitze P hat mit $K^\bullet$ in P drei zusammenfallende Punkte gemeinsam.*

d) Sind P und p singulär, so wird P *vierfach* gezählt: *Die Tangente p in einer Schnabelspitze P hat mit $K^\bullet$ in P vier zusammenfallende Punkte gemeinsam.*

Der Grund für die in 2bcd angegebene Zählung liegt in Satz **21Aa:** In der Umgebung von p gibt es Geraden, die mit $K^\bullet$ in der Nachbarschaft von P drei bzw. vier Punkte gemeinsam haben. Entsprechendes gilt nach dem Hauptsatz **15Aa** für 2a.

b) *Eine Dornspitze P hat mit K' in p drei zusammenfallende Geraden gemeinsam.*

c) *Der Berührungspunkt P in einer Wendestelle hat mit K' in p drei zusammenfallende Geraden gemeinsam.*

d) *Eine Schnabelspitze P hat mit K' in p vier zusammenfallende Geraden gemeinsam.*

Diese Zählung ist durch Satz **21Aa** selbstverständlich gegeben.

Es braucht kaum bemerkt zu werden, dass zum Beispiel ein Doppelpunkt D, durch den eine von jeder Tangente in D verschiedene Gerade g läuft, als gemeinsamer Punkt von g und $K^\bullet$ zweifach zu zählen ist. Entsprechend sind weitere Möglichkeiten (Tangente in einem mehrfachen Punkt usw.) sinngemäß zu behandeln.

Die Sätze **17Aa** bleiben auch nach der nun eingeführten feineren Zählung gemeinsamer Punkte und Strahlen bestehen. *Nur für den Moment des Zusammenfallens* von Z mit S bzw. von z mit s zählen wir jetzt anders. Dreht sich zum Beispiel die Gerade z um einen von der Spitze P verschiedenen Punkt G auf der Tangente p einer Dornspitze $P*p$, so ändert sich die Anzahl der gemeinsamen Punkte von z mit dem Bogen in der Umgebung von P nach **17a** nicht. Vor und nach dem Überschreiten hat z mit dem Bogen in der Nachbarschaft von P je *einen* gemeinsamen Punkt (Schnittpunkt). Wenn z mit p zusammenfällt, also im Moment des Überschreitens, zählen wir P jetzt als gemeinsamen Punkt von z mit dem Bogen dreifach. Doch bleibt die Tatsache bestehen, dass die Anzahl der gemeinsamen Punkte vor und nach dem Zusammenfallen von z mit p dieselbe ist. Ähnlich bestätigt man die Gültigkeit von **17Aa** in den anderen möglichen Fällen.

In Bezug auf die Ordnung wie auch auf die Klasse gibt es je zwei wesentlich verschiedene Sorten von Elementarkurven. Es gilt nämlich der wichtige Satz:

30 A *Hat eine Elementarkurve mit einer Geraden eine gerade oder ungerade Anzahl von Punkten gemeinsam, dann hat sie mit jeder Geraden eine gerade bzw. ungerade Anzahl von Punkten gemeinsam.*

30 a *Hat eine Elementarkurve mit einem Punkte eine gerade oder ungerade Anzahl von Strahlen gemeinsam, dann hat sie mit jedem Punkt eine gerade bzw. ungerade Anzahl von Strahlen gemeinsam.*

Beweis von **30 A:** Gegeben seien die Elementarkurve K und zwei beliebige Geraden a und b. Zunächst nehmen wir an, dass der Schnittpunkt $G = ab$ kein Kurvenpunkt sei und dass a, b nicht K' angehören. Die Gerade z drehe sich nun um G aus der Lage a im einen oder anderen Sinne in die Lage b. Nach **17 a** unterscheiden sich dann die Anzahlen der gemeinsamen Punkte von a und b mit $K^\bullet$ notwendig um eine gerade Zahl. Hat a mit $K^\bullet$ eine gerade oder ungerade Anzahl Punkte gemeinsam, so ist diese Zahl für b somit auch gerade bzw. ungerade.

Sind a oder b oder a und b Kurventangenten, so ändern sich jene Anzahlen beim Heraus- bzw. Hereindrehen aus a bzw. in b immer nur um eine gerade Zahl, wie man sich auf Grund unserer Bestimmungen im Einzelnen überzeugt.

Ist schließlich G ein Kurvenpunkt, so drehe man zuerst um einen nicht zu $K^\bullet$ gehörenden Punkt G_1 auf a und dann um einen nicht zu $K^\bullet$ gehörenden Punkt G_2 auf b, um z von a in b überzuführen. ■

31 Aa *Jede Elementarkurve lässt sich als eine geschlossene Folge von endlich vielen einfachen Bögen darstellen; Ordnung und Klasse einer Elementarkurve sind somit stets natürliche Zahlen.*

Beweis: Eine Elementarkurve K besitzt nach **16 Aa** nur endlich viele eigentliche Singularitäten, besteht also aus endlich vielen Teilbögen, die keine solchen Singularitäten enthalten. Es sei $(S \dots T)$ ein derartiger Teilbogen. Es seien $B_1, B_2, \dots$ die Punkte, für welche $(S \dots B_1)$, $(B_1 \dots B_2)$, … C-Bögen darstellen. Würde $(S \dots T)$ aus unbegrenzt vielen C-Bögen bestehen, so müssten die Punkte $B_1, B_2, \dots$ auf $(S \dots T)$ mindestens einen Häufungspunkt besitzen. Da sich aber von jedem Kurvenpunkt aus nach **11 Aa** eine Umgebung (beidseitig) abgrenzen lässt, die einen einfachen Bogen darstellt, kann ein solcher Häufungspunkt nicht existieren. Man kann also Punkte A_1 und C_1, A_2 und C_2, … derart wählen, dass die Bögen $(S \dots A_1)$, $(A_1 \dots B_1 \dots C_1)$, $(A_2 \dots B_2 \dots C_2)$, … eine endliche Anzahl einfacher Teilbögen von $(S \dots T)$ darstellen. Ordnung und Klasse von K müssen somit endlich sein. (Dies ergibt sich auch wie folgt: Angenommen, die Gerade g hätte mit K unbegrenzt viele Punkte gemeinsam. Es sei O ein Punkt auf g, der $K^\bullet$ nicht angehört, und X durchlaufe K. Bei der elementaren Bewegung von OX müsste die Lage g unbegrenzt oft eingenommen werden, was der Erklärung der elementaren Bewegung widerspricht.) ■

Anmerkung: Die Begriffe Ordnung und Klasse, die wir für Elementarkurven eingeführt haben, lassen sich natürlich auch auf elementare Bögen anwenden. Nur sind hier unter Umständen, um sachgemäß zu bleiben, die Endelemente des Bogens besonders zu behandeln. Beispiel: Ein einfacher Bogen ist von der Ordnung 2 und von der Klasse 2. Bei einem C-Bogen enthält die eine Endtangente b außer ihrem Berührungspunkt noch einen Bogenpunkt. Es fragt sich, ob wir hier von *drei* gemeinsamen Punkten mit b sprechen sollen. Wir tun dies nicht, da es in keiner Umgebung von b außer b Geraden gibt, die drei Schnittpunkte mit dem Bogen besitzen.

Aus den Sätzen **20 Aa** und **23 Aa** folgt sofort:

32 Aa *Eine Eilinie ist von zweiter Ordnung und von zweiter Klasse, und jede Elementarkurve zweiter Ordnung sowie jede Elementarkurve zweiter Klasse ist eine Eilinie.*

Ferner gilt:

33 Aa *Eine singularitätenfreie Elementarkurve ist eine Eilinie.*

Beweis: $A*a$ sei irgendein Element der Elementarkurve K, von der vorausgesetzt ist, dass sie keine Singularitäten besitze. Wir durchlaufen K von $A*a$ aus in einem beliebigen Sinne. Würden wir hierbei auf a einen von A verschiedenen Punkt B von $K^{\bullet}$ antreffen, so wäre der durchlaufene Bogen $(A \dots B)$ ein C-Bogen. Aus der Struktur der singularitätenfreien Bögen folgt aber, dass $(A \dots B)$ sich durch singularitätenfreie Fortsetzung niemals schließen lässt. Somit hat jede Tangente von K nur ihren Berührungspunkt mit K gemeinsam. Daraus folgt, dass jeder Teilbogen von K einfach ist. Die singularitätenfreie Elementarkurve K ist somit eine Eilinie. ■

34 Aa *Eine Elementarkurve, die an Singularitäten höchstens mehrfache Punkte und mehrfache Tangenten aufweist, ist von gerader Ordnung und von gerader Klasse.*

Ein Beispiel zu Satz **34 Aa** zeigt Figur 66.

Figur 66

Beweis: Der Punkt X durchlaufe $K^{\bullet}$ genau einmal. Es sei O ein Punkt, der $K^{\bullet}$ nicht angehört. Der Blickstrahl OX beschreibt dann eine geschlossene elementare Bewegung, die nach **9 Aa** eine gerade Anzahl von Umkehrstrahlen besitzt. Nun treten aber wegen des Fehlens von eigentlichen Singularitäten nach dem Hauptsatz **15 A** singuläre Strahlen (Umkehrstrahlen) dieser Bewegung dann und nur dann auf, wenn OX Tangente wird. Der Punkt O sendet somit eine gerade Anzahl von Tangenten. Die Klasse von K ist also gerade. Entsprechend schließt man mit **15 a,** dass die Ordnung gerade ist. ■

35 A *Die Anzahl der Wendetangenten einer Elementarkurve ist gerade oder ungerade, je nachdem die Ordnung gerade oder ungerade ist.*

35 a *Die Anzahl der Spitzen einer Elementarkurve ist gerade oder ungerade, je nachdem die Klasse gerade oder ungerade ist.*

Beweis von **35 A:** Man wähle eine Gerade o, die weder Tangente der Elementarkurve K ist noch durch eine Wendestelle oder Spitze von K geht. Der Punkt Z durchlaufe die Gerade o von einer beliebigen Anfangslage Z_0 aus, die $K^\bullet$ nicht angehört. Die Anzahl der von Z an K gesandten Tangenten ändert sich nach **17 A** dann und nur dann, und zwar um $+ 2$ oder $- 2$, wenn Z eine Wendetangente oder einen Punkt von $K^\bullet$ überschreitet. Nach einmaligem Durchlaufen von o muss die Anzahl der ausgesandten Tangenten wieder die ursprüngliche sein. Ist n die Anzahl der (einfach zu zählenden) gemeinsamen Punkte von o mit $K^\bullet$ und w die Anzahl der Wendetangenten, so muss somit $n + w$ jedenfalls gerade sein. Wenn n gerade oder ungerade ist, das heißt, wenn die Ordnung von K gerade bzw. ungerade ist, so muss also auch w gerade bzw. ungerade sein. ■

9 Elementarkurven dritter Ordnung und dritter Klasse

Das Ziel dieses Kapitels besteht darin, einen vollständigen Überblick der Elementarkurven dritter Ordnung bzw. dritter Klasse zu erhalten. Zunächst haben wir sofort:

36 A *Eine Elementarkurve K dritter Ordnung besitzt mindestens eine Wendestelle, hingegen keine Doppeltangente und keine Schnabelspitze, ferner höchstens einen Doppelpunkt oder höchstens eine Dornspitze. Eine Wendetangente kann außer ihrem Berührungspunkt keinen gemeinsamen Punkt mit $K^\bullet$ besitzen, dasselbe gilt für die Tangente in der unter Umständen vorhandenen Dornspitze.*

36 a *Eine Elementarkurve dritter Klasse besitzt mindestens eine Dornspitze, hingegen keinen Doppelpunkt und keine Schnabelspitze, ferner höchstens eine Doppeltangente oder höchstens eine Wendestelle. Eine Dornspitze kann außer ihrer Tangente keine gemeinsame Gerade mit K' besitzen, dasselbe gilt für den Berührungspunkt in der unter Umständen vorhandenen Wendestelle.*

Beweis von **36 A:** Das Vorhandensein von mindestens einer Wendetangente folgt aus Satz **35 A.** Die Nichtexistenz einer Doppeltangente ist klar, da eine solche mindestens vier Punkte mit $K^\bullet$ gemeinsam hätte. Ebenso hätte die Verbindungsgerade zweier Doppelpunkte oder zweier Spitzen oder eines Doppelpunktes mit einer Spitze sowie die Tangente in einer Schnabelspitze mindestens vier gemeinsame Punkte mit $K^\bullet$. ■

Als Grundlage zur weiteren Untersuchung dient uns der Hilfssatz:

37 A *Jeder Punkt P einer Elementarkurve dritter Ordnung sendet außer seiner eigenen Tangente p höchstens zwei weitere Tangenten an die Kurve.*

37 a *Jede Gerade p einer Elementarkurve dritter Klasse enthält außer ihrem eigenen Berührungspunkt P höchstens zwei weitere Punkte der Kurve.*

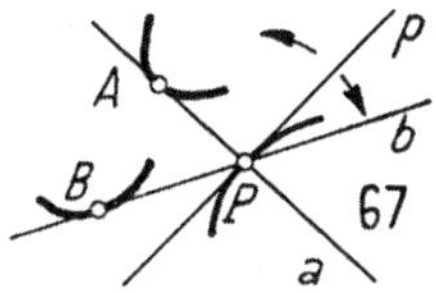

Figur 67

Beweis von **37 A:** Wir drehen die Gerade x um P aus der Lage p im einen und anderen Drehsinn (Figur 67). Angenommen, a und b seien die hierbei zuerst erreichten von P ausgesandten Tangenten und A, B ihre Berührungspunkte. Derjenige der beiden durch a und b bestimmten vollständigen Winkel, der p enthält, sei mit ab_+ bezeichnet. Würde nun P noch eine weitere Tangente c senden, so läge diese in $ab\_$ und die Kurve müsste aus ab_+ in das Winkelfeld $ab\_$ eintreten. Dies kann weder in A noch in B geschehen, da weder a noch b eine Wendetangente sein kann, weil eine solche außer ihrem Berührungspunkt keinen Punkt der Kurve enthält. Somit müsste die Kurve mindestens eine der Tangenten a und b in einem von P und dem Berührungspunkt verschiedenen Punkt überschreiten. Mindestens eine der Geraden a und b hätte also mehr als drei Punkte mit $K^\bullet$ gemeinsam, was unmöglich ist. Demnach sendet jeder Punkt P außer p höchstens zwei weitere Tangenten. ■

Jetzt sei $W{*}w$ eine (sicher vorhandene) Wendestelle. Wir legen auf der Elementarkurve dritter Ordnung K den positiven Durchlaufungssinn fest und lassen das Element $X{*}x$ von $W{*}w$ aus die Kurve im positiven Sinne genau einmal durchlaufen (Figur 68).

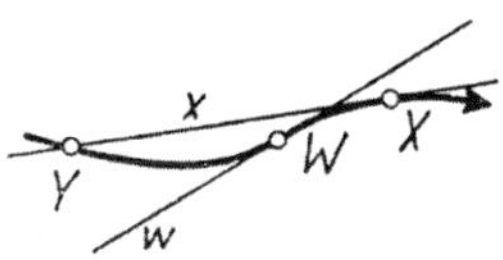

Figur 68

Jede reguläre Tangente x hat außer ihrem Berührungspunkt X notwendig (wegen der dritten Ordnung und Satz **30 A)** noch einen von X verschiedenen *Schnittpunkt* Y mit $K^{\bullet}$ gemeinsam. Erreicht x eine Wendetangente, so fällt Y mit X zusammen. Zu Beginn der Bewegung von X verlässt Y den gemeinsamen Ausgangspunkt W im negativen Sinne, da der von X durchlaufene, anfänglich sicher einfache Bogen den Punkt Y nicht enthalten kann; am Ende der Bewegung, wenn X im positiven Sinne W erreicht, läuft Y im negativen Sinne gegen W zu.

Die Untersuchung der Bewegungsmöglichkeiten von Y wird uns einen Überblick der möglichen Kurvenformen dritter Ordnung geben. Zunächst beachten wir, dass sich Y stetig bewegt. Die Tangente x durchläuft nämlich eine stetige Strahlenfolge. Der Spurpunkt ox auf einer festen Geraden o führt dabei eine elementare Bewegung aus. Wir wählen als Gerade o die Tangente y_0 im Punkte Y_0, der dem Punkt X_0 der Kurve entspricht. Bewegt sich nun X über X_0 hinweg, so verhält sich (Glättungssatz **10 Aa**) in einer hinreichend beschränkten Umgebung von Y_0 der Punkt Y auf der Kurve bezüglich seiner Bewegung wie der Spurpunkt xy_0, sofern Y_0 von X_0 verschieden ist.

Die naheliegende Vermutung, Y durchlaufe K wie X genau einmal ohne Sinnänderung, nur im negativen Sinne, ist nur in einem einzigen Falle richtig. Die Punkte X und Y begegnen sich nämlich (außer in W) dann genau einmal, etwa in S. (Dies folgt aus **8 A** und aus dem Umstand, dass $K^{\bullet}$ eine geschlossene stetige Punktfolge ist.) Da S einen dreifach zu zählenden Punkt darstellt, ist S somit entweder eine Wendestelle oder eine Dornspitze. Ersteres ist unmöglich, da K eine ungerade Anzahl von Wendestellen haben muss. Wir haben somit als Möglichkeit gefunden:

(1) *Elementarkurve K mit einer Wendestelle W und einer Dornspitze S.*

Durchläuft Y die Kurve ohne Sinnänderung mehr als einmal, so kann dies nur zweimal sein. Angenommen nämlich, Y durchlaufe $K^{\bullet}$ dreimal oder mehr als dreimal. Ist $P*p$ ein beliebiges reguläres Element der Kurve, so würde P von Y somit mindestens dreimal überschritten werden. Das heißt, P würde außer p mindestens drei Tangenten PX_1, PX_2, PX_3 senden, was nach Hilfssatz **37A** unmöglich ist.

Nehmen wir also an, Y durchlaufe K genau zweimal. Die Punkte X und Y treffen sich dann außer in W genau zweimal, etwa in U und V. Die zugehörigen Tangenten u, v haben dann in U, V dreifach zu zählende gemeinsame Punkte mit der Kurve. Es kann sich also nur um Dornspitzen oder Wendetangenten handeln. Zwei Dornspitzen sind, wie in **36 A** festgestellt, unmöglich. Aber es ist auch unmöglich, dass unter U und V nur eine Dornspitze vorhanden ist, da dann zwei, also eine gerade Zahl von Wendestellen, übrig bliebe. Es ergibt sich als Möglichkeit nur:

(2) *Elementarkurve K mit drei Wendestellen U, V, W.*

Figur 69

Nun ist noch die Möglichkeit zu prüfen, dass die Bewegung von *Y* Sinnänderungen erleidet. Da sich *Y* zu Beginn und am Ende der Bewegung im gleichen (nämlich negativen) Sinne bewegt, muss die Anzahl der Punkte, in denen eine Änderung des Bewegungssinnes eintritt, gerade sein. Eine solche Änderung ergibt sich, wenn *X* die Kurve in einem Doppelpunkt *D* überschreitet (Figur 69). Beim zweiten Überschreiten des Doppelpunktes tritt wieder eine Sinnänderung in der Bewegung von *Y* ein. Mehr als einen Doppelpunkt kann $K^{\bullet}$ nicht besitzen. Eine Sinnänderung in der Bewegung von *Y* könnte nach dem Hauptsatz **15 a** außer in dem Doppelpunkt nur eintreten, wenn *x* eine Wendetangente und das entsprechende *Y* von *X* verschieden wäre. Für eine Wendetangente *x* fällt aber *Y* mit *X* zusammen, und *Y* bewegt sich im negativen Sinne weiter. Wir haben also als einzige dritte Möglichkeit:

(3) *Elementarkurve K mit einer Wendestelle W und einem Doppelpunkt D.*

Im ersten Fall durchläuft *Y* die Kurve genau einmal im negativen Sinne. Im zweiten Fall durchläuft *Y* die Kurve genau zweimal im negativen Sinne. Im dritten Fall durchläuft *Y* die Kurve im negativen Sinne von *W* bis *D*, dann im positiven Sinne von *D* über *W* bis *D* und schließlich wieder im negativen Sinne von *D* bis *W*. Der von *W* freie Kurvenbogen (*D … D*), die *Schleife* der Kurve, wird von *Y* nicht durchlaufen.

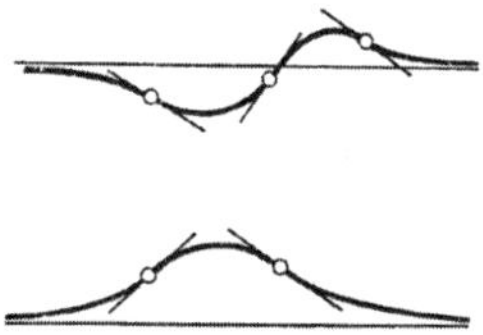

Figur 70 und Figur 71

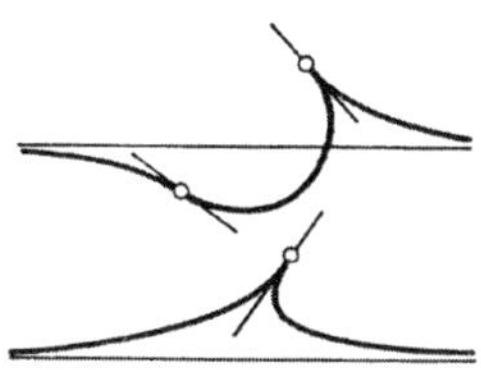

Figur 72 und Figur 73

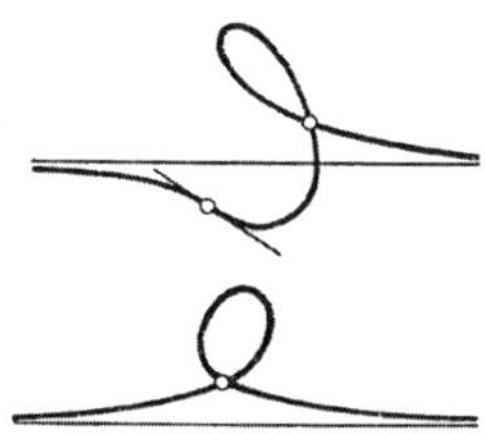

Figur 74 und Figur 75

Ob alle drei Möglichkeiten zu verwirklichen sind, ist eine noch offene Frage. Tatsächlich ist dies der Fall, wie die Figuren 70 bis 75 andeuten sollen. Bevor wir entsprechende Konstruktionen angeben, wollen wir noch einige Eigenschaften kennenlernen.

38 A *Eine Elementarkurve dritter Ordnung mit drei Wendestellen U, V, W besteht aus drei einfachen Bögen.*

38 a *Eine Elementarkurve dritter Klasse mit drei Dornspitzentangenten u, v, w besteht aus drei einfachen Bögen.*

Beweis von **38 A**: Beim Durchlaufen der Kurve von *U* aus im positiven Sinne treffe man nacheinander die Wendestellen *V* und *W*. Die Bögen (*UV*), (*VW*), (*WU*) seien diejenigen Teilbögen, welche je die dritte Wendestelle nicht enthalten. Diese Teilbögen sind dann singularitätenfrei; ihre Endtangenten enthalten keine Kurvenpunkte außer den Berührungspunkten. Nach Satz **25 A** handelt es sich also um einfache Bögen. ■

Die drei Wendetangenten *u, v, w* zerlegen das Punktfeld in vier dreiseitige Gebiete, sofern wir zunächst von dem Spezialfall absehen, dass *u, v, w* durch einen Punkt gehen. Da eine Wendetangente außer ihrem Berührungspunkt keine weiteren Kurvenpunkte enthält, verläuft jeder der drei einfachen Bögen (*UV*), (*VW*), (*WU*) je ganz in einem dieser Gebiete. Es gibt somit notwendig ein Gebiet (*G*), in das die Kurve nicht eindringt.

Gegenüber diesem Gebiet (*G*) kann die Kurve sich nun auf genau zwei Arten verhalten: Gehört nämlich (*G*) zum Gebiet $(2^\bullet)$ des Bogens (*UV*), so gehört (*G*) auch zu den Gebieten $(2^\bullet)_{VW}$ und $(2^\bullet)_{WU}$ (Figuren 76 bis 79).

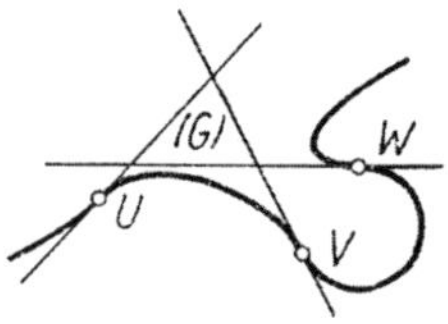

Figur 76

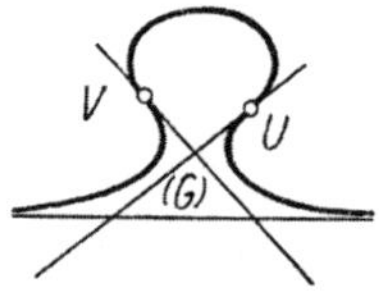

Figur 77

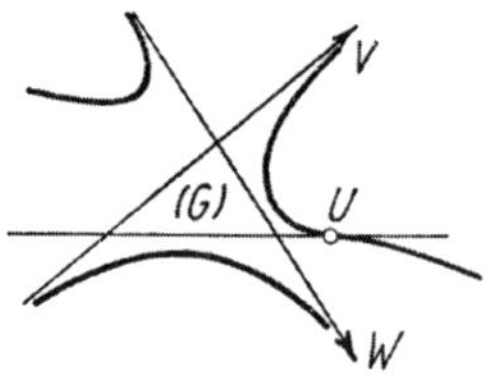

Figur 78

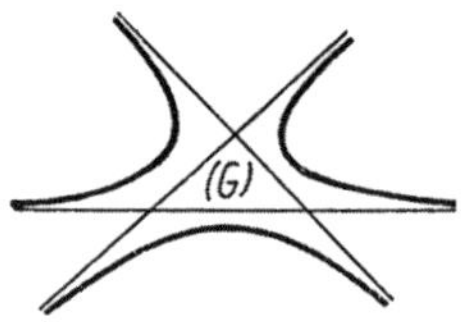

Figur 79

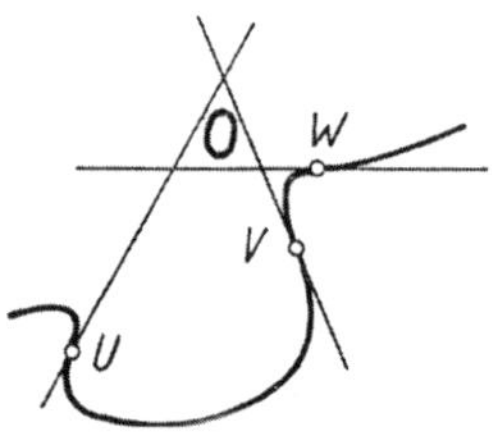

Figur 80

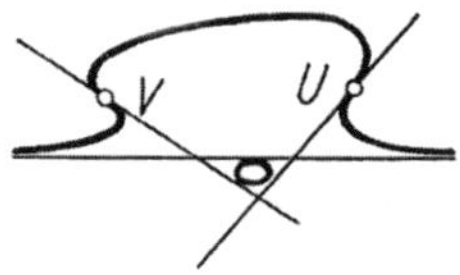

Figur 81

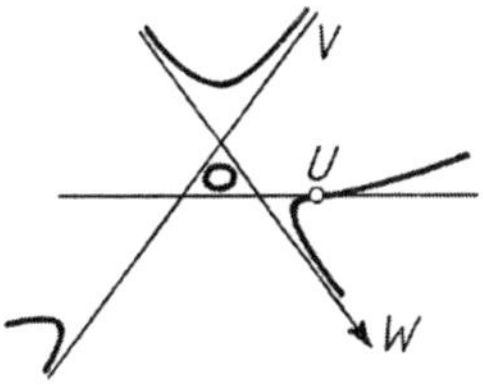

Figur 82

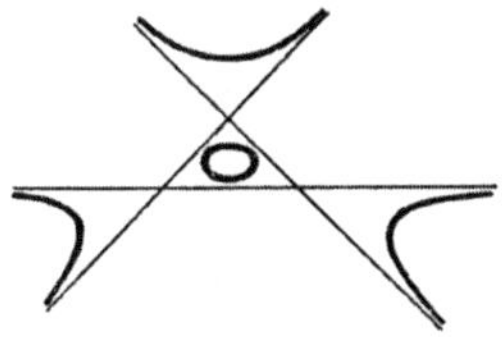

Figur 83

Gehört aber (*G*) zum Gebiet $(0^\bullet)_{UV}$, dann ist es auch notwendig in den Gebieten $(0^\bullet)_{VW}$, $(0^\bullet)_{WU}$ enthalten (Figuren 80 bis 83).

Jeder Punkt des von der Kurve gemiedenen Gebietes (*G*) sendet somit entweder sechs oder keine Tangenten.

Die Figuren 76 bis 79 und die Figuren 80 bis 83 zeigen Kurven der ersten bzw. der zweiten Art. Hierbei sind die Kurven derart gezeichnet, dass das Gebiet (*G*) im Endlichen liegt. In den Figuren 76 und 80 gehört keine der drei Wendestellen der uneigentlichen Geraden an. In den Figuren 77 und 81 liegt *W* auf der uneigentlichen Geraden, in den Figuren 78 und 82 gehören zwei, in den Figuren 79 und 83 alle drei Wendestellen dieser Geraden an.

Legt man im Falle der Kurven zweiter Art (Figuren 80 bis 83) eine beliebige Eilinie *E* in das Gebiet (*G*), so behält das Gebilde, bestehend aus der Kurve *K* und der Eilinie *E,* die Eigenschaft, von jeder Geraden in höchstens drei Punkten getroffen zu werden.

Beweis: Ist *F* ein Punkt in (*G*), so hat jede Gerade durch *F* genau einen Punkt mit *K* gemeinsam, da *F* auf Strahlen der Bereiche (1') der einfachen Bögen (*UV*), (*VW*), (*WU*) liegt. Legt man in (*G*) eine Eilinie *E* hinein, so treffen die Geraden durch innere Punkte von *E* das aus *K* und *E* bestehende Gebilde in genau drei Punkten. ■

Wir sprechen in diesem Falle von einer *zweiteiligen* Elementarkurve dritter Ordnung.

Nachdem wir erkannt haben, welche Eigenschaften eine Elementarkurve *K* dritter Ordnung notwendig haben muss, wollen wir die verschiedenen als möglich gefundenen Formen auch konstruieren, womit die bereits gegebenen Figuren ihre Grundlage finden.

Elementarkurve K mit drei Wendestellen U, V, W: Man wähle zwei Eilinien E_1 und E_2 (Figur 84, siehe nächste Seite), die ein gemeinsames Element $U{*}u$ haben; ferner sollen außer *U* alle Punkte jeder der beiden Eilinien äußere Punkte der anderen sein. Auf jeder Eilinie wählt man ein Element $V{*}v$ bzw. $W{*}w$ so, dass *v* bzw. *w* eine innere (nichtschneidende) Gerade der anderen Eilinie ist. Die beiden Eilinien liegen dann im einen der beiden durch *v, w* bestimmten Winkelfelder. Nun verbindet man die Elemente $V{*}v$ und $W{*}w$ durch eine dritte Eilinie E_3, welche im anderen jener Winkelfelder liegt. Indem man von jeder der drei Eilinien einen Bogen wählt, derart, dass aufeinanderfolgende Bögen je eine Wendestelle bilden, so erhält man eine Kurve erster Art (ausgezogen) und eine Kurve zweiter Art (gestrichelt).

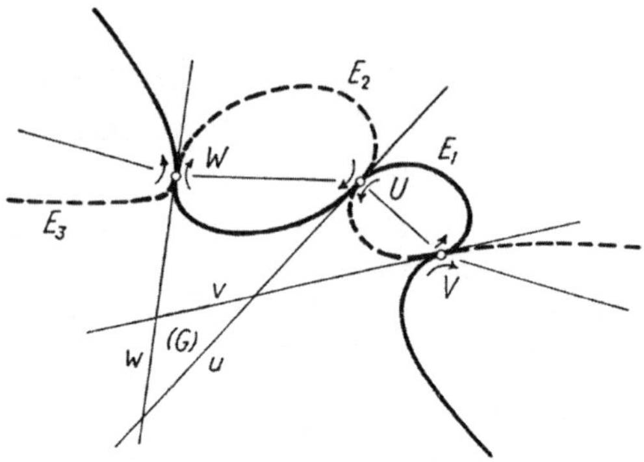

Figur 84

Beweis: Legt man auf der ersten Eilinie den positiven Sinn fest, so ist dadurch auch der positive Sinn auf den anderen Eilinien bestimmt, indem man verlangt, dass die Elemente $U*u$, $V*v$ und $W*w$ durch je zwei der Eilinien gleich orientiert werden, was sich als möglich erweist. Hieraus folgt, dass man tatsächlich in W eine Wendestelle erhält, wenn man U und V zu Wendestellen macht. – Die im Innern der Eilinien verlaufenden Segmente der Geraden UV, VW, WU seien mit UV_+, VW_+, WU_+ bezeichnet; sie bestimmen einen dreieckigen Strahlenbereich $+ + +$. Nach dem Beweis von Satz **5a** gibt es unter den Geraden, die keinen der drei Punkte U, V, W enthalten, nur solche mit den Signaturen $+ + +$, $+ - -$, $- + -$, $- - +$. Die Strahlen, welche UV_+ treffen, haben mit jedem der beiden Bögen von E_1 genau einen Schnittpunkt, diejenigen, welche $UV\_$ treffen, haben mit E_1 entweder keine oder mit *einem* der beiden Bögen zwei Schnittpunkte. Hieraus schließt man zunächst sofort, dass die Strahlen $+ + +$ jede der beiden konstruierten Kurven in je drei Punkten schneiden. Ein Strahl aus $+ - -$ schneidet beide Bögen von E_1 und höchstens je einen Bogen von E_2 und E_3. Nun können aber zwei Bögen derselben Kurve (ausgezogen oder gestrichelt) nicht *beide* in je zwei Punkten geschnitten werden, da sie in einer Wendestelle zusammenhängen. Hieraus und aus entsprechenden Überlegungen für die Geraden, welche Wendestellen enthalten, ergibt sich, dass die konstruierten Kurven von dritter Ordnung sind. ■

Elementarkurve K mit einer Wendestelle W und einer Dornspitze S: Man wähle eine beliebige Eilinie und auf ihr zwei beliebige Elemente $W*w$ und $S*s$ (Figuren 85 und 86). Es sei ws_+ der vollständige Winkel, der die Eilinie enthält. Die Elemente $W*w$ und $S*s$ verbinde man durch eine zweite Eilinie, die $ws\_$ angehört. Nimmt man von der ersten Eilinie einen der zwei durch

W und *S* begrenzten Bögen, so lässt er sich durch einen der zwei Bögen der zweiten Eilinie zu einer Kurve dritter Ordnung mit einer Wendestelle und einer Dornspitze ergänzen.

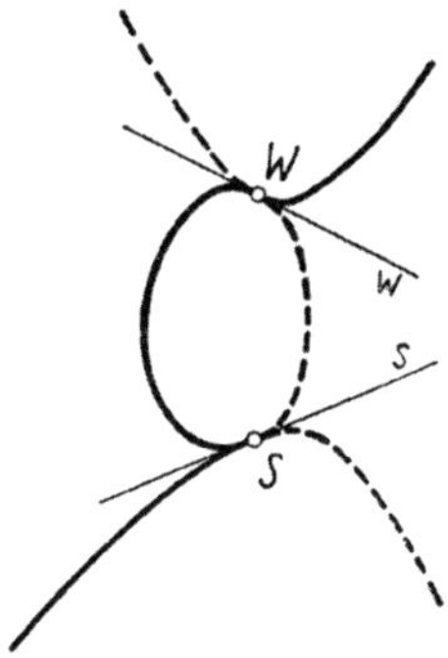

Figur 85

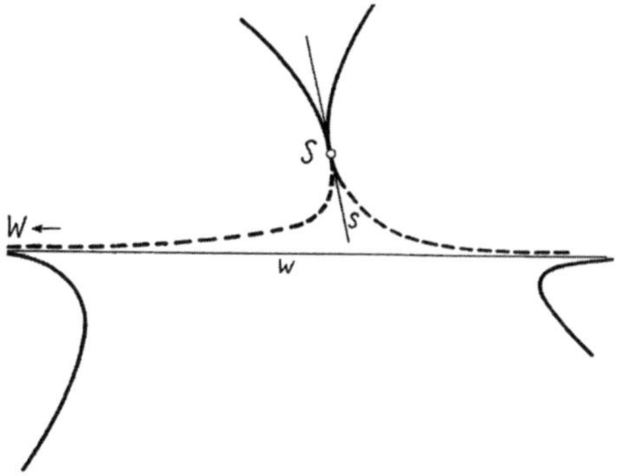

Figur 86

Elementarkurve K mit einer Wendestelle W und einem Doppelpunkt D: Man wähle zwei Eilinien E_1 und E_2 (Figuren 87 und 88), die ein gemeinsames Element $W{*}w$ besitzen; jede der beiden Eilinien soll als Strahlengebilde dem Außenbereich der anderen angehören. Es existieren dann außer *W* noch zwei weitere gemeinsame Punkte D_1 und D_2. (Dies erkennt man, wenn man $\dot{E}_1$ durch den Punkt *X* von *W* aus durchlaufen lässt und die von *X* an E'_2 gesandten Tangenten verfolgt.) Auf denjenigen durch D_1 und D_2 bestimmten Bögen, die *W* nicht enthalten, wählt man je ein Element $A{*}a$ bzw. $B{*}b$. Diese Elemente werden durch eine dritte Eilinie E_3 verbunden, die E'_1 und E'_2 (außer *a* bzw. *b*) in ihrem Innenbereich enthält. Wählt man nun den einen der zwei durch *A*, *B* bestimmten einfachen Bögen auf E_3

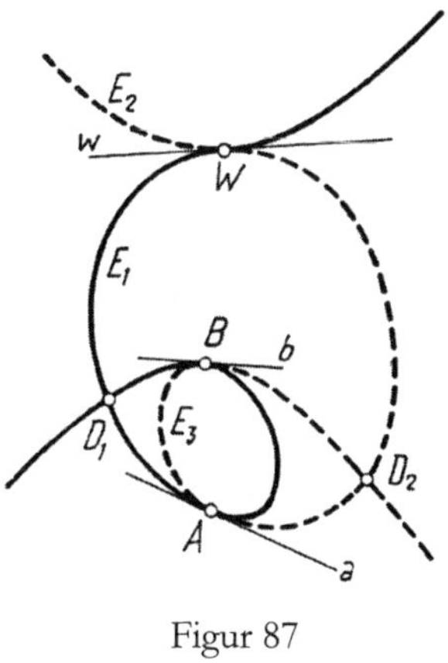

Figur 87

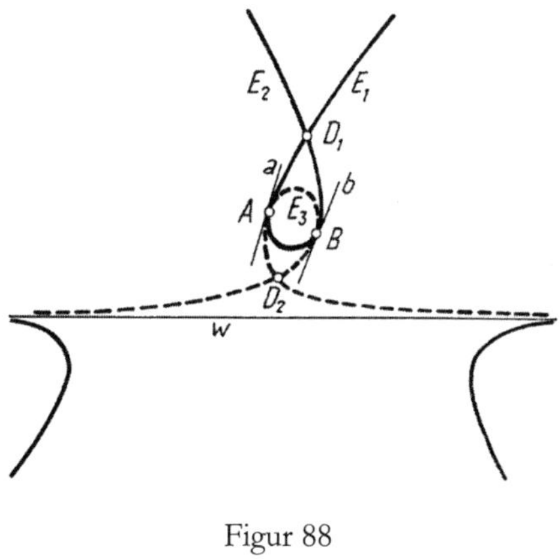

Figur 88

und setzt ihn über *A, B* hinaus durch diejenigen einfachen Bögen (*A* … *W*) und (*B* … *W*) von E_1 bzw. E_2 fort, die in *A* und *B* regulär anschließen, so ergibt sich eine Elementarkurve dritter Ordnung mit der Wendestelle *W* und einem Doppelpunkt.

39 A *Es gibt vier Sorten von Elementarkurven dritter Ordnung:*
1. Kurven mit drei Wendestellen von der Klasse 6, aus drei einfachen Bögen konstruierbar.
2. Kurven mit drei Wendestellen von der Klasse 4, aus drei einfachen Bögen konstruierbar. Diese können durch eine Eilinie zu zweiteiligen Kurven dritter Ordnung und sechster Klasse ergänzt werden.
3. Kurven mit einer Wendestelle und einer Dornspitze von der Klasse 3, aus zwei einfachen Bögen konstruierbar.
4. Kurven mit einer Wendestelle und einem Doppelpunkt von der Klasse 4, aus drei einfachen Bögen konstruierbar.

39 a *Es gibt vier Sorten von Elementarkurven dritter Klasse:*
1. Kurven mit drei Dornspitzen von der Ordnung 6, aus drei einfachen Bögen konstruierbar.
2. Kurven mit drei Dornspitzen von der Ordnung 4, aus drei einfachen Bögen konstruierbar. Diese können durch eine Eilinie zu zweiteiligen Formen dritter Klasse und sechster Ordnung ergänzt werden.
3. Kurven mit einer Dornspitze und einer Wendestelle von der Ordnung 3, aus zwei einfachen Bögen konstruierbar.
4. Kurven mit einer Dornspitze und einer Doppeltangente von der Ordnung 4, aus drei einfachen Bögen konstruierbar.

Beweis von **39 A**: Es sind hier nur noch die Angaben über die Klasse zu bestätigen. Im *ersten* Fall ist klar, dass die Klasse jedenfalls nicht größer als 6 sein kann, da drei einfache Bögen höchstens sechs Tangenten durch einen Punkt senden. Die Punkte des Gebietes (*G*) senden wirklich sechs Tangenten. Somit ist *K* von der sechsten Klasse.

Im *zweiten* Falle gehe man von einem Punkte *F* in (*G*) aus (Figuren 80 bis 83); der Punkt *F* sendet keine Tangenten an *K*. Verlässt man (*G*), indem man eine der Wendetangenten überschreitet, so gewinnt man genau zwei Tangenten. Daraus ist ersichtlich, dass in jeder Ecke des Gebietes (*G*) vier Punktgebiete ($0^\bullet$), ($2^\bullet$), ($4^\bullet$), ($2^\bullet$) zusammenstoßen. *K* ist somit von der vierten Klasse.

Im *dritten* Falle ist *K* zu sich polar, die Klasse stimmt also mit der Ordnung überein.

Im *vierten* Falle erinnern wir uns an die Bewegung von *Y*, wenn *X* die Kurve im positiven Sinne durchläuft (siehe weiter oben in diesem Kapitel). Die Schleife wird von *Y* nicht durchlaufen. Daraus folgt aber, dass die Schleife ein Gebiet ($0^\bullet$) umschließt. Es sei *F* ein Punkt dieses Gebietes und *f* eine beliebige Gerade durch *F*. Die Gerade *f* schneidet die Schleife (als C-Bogen) in zwei Punkten, den übrigen Teil von *K* also in genau einem Punkte. Durchläuft *Z* die Punktreihe *f* von *F* aus, so kann sich die Zahl der von *Z* ausgesandten Tangenten nur beim Überschreiten der Kurve oder der

Wendetangente ändern, und zwar jeweils um +2 oder −2. Daraus folgt aber, dass die Maximalzahl der ausgesandten Tangenten 4 ist, da jeder Punkt der Ebene als Punkt einer Geraden f betrachtet werden kann.

Es ist noch ein Spezialfall zu erwähnen: Gehen im *ersten* Falle die Wendetangenten durch einen Punkt, so dass das Gebiet (G) sich auf einen Punkt reduziert, so erhält man doch noch eine Kurve sechster Klasse, da jener Punkt sechs Tangenten sendet (Figur 89, hier auch die drei Wendestellen in einer Geraden). ■

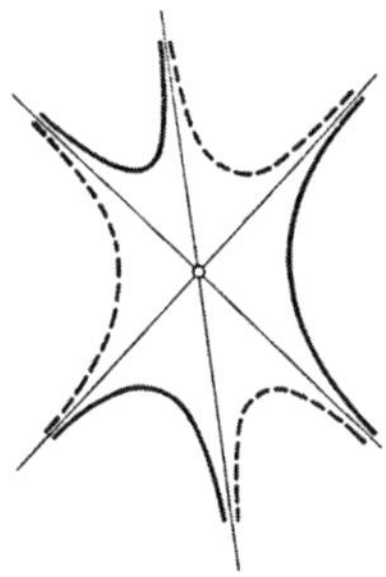

Figur 89

Damit haben wir einen vollständigen Überblick der Elementarkurven dritter Ordnung gewonnen.

Durch die polaren Überlegungen erhält man die entsprechende Einsicht in die Elementarkurven dritter Klasse. Wir erläutern nun die Konstruktionen der einzelnen Formen der Elementarkurven dritter Klasse.

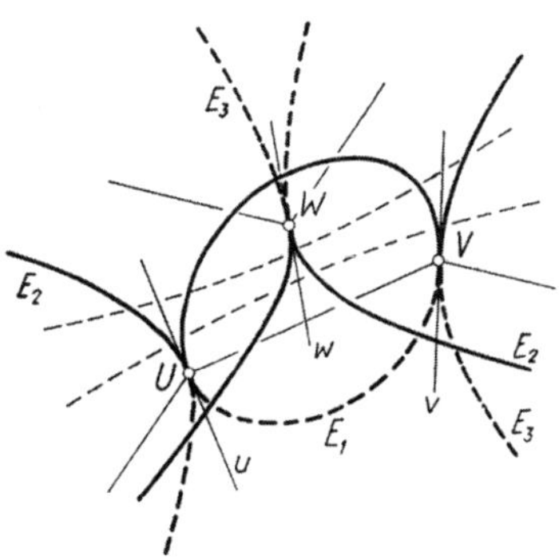

Figur 90

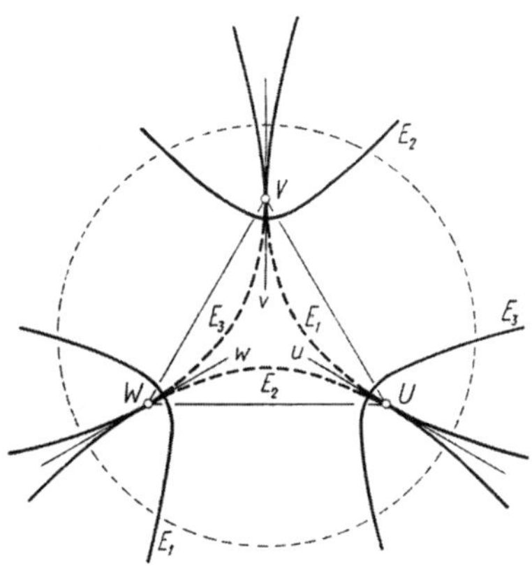

Figur 91

Elementarkurve K mit drei Dornspitzen: Man wähle zwei Eilinien E_1 und E_2 (Figuren 90 und 91), die ein gemeinsames Element $U*u$ haben; ferner sollen außer *u* alle Tangenten jeder der beiden Eilinien äußere (schneidende) Geraden der anderen sein. Auf jeder Eilinie wählt man ein Element $V*v$ bzw. $W*w$ so, dass *V* bzw. *W* ein innerer Punkt der anderen Eilinie ist. Die beiden Eilinien gehören als Strahlengebilde zu einem der beiden durch *V*, *W* bestimmten Segmentbereiche. Nun verbindet man die Elemente $V*v$, $W*w$ durch eine dritte Eilinie E_3, die zum anderen jener Segmentbereiche gehört. Indem man von jeder der drei Eilinien einen Bogen wählt, derart, dass aufeinanderfolgende Bögen je eine Dornspitze bilden, erhält man eine Kurve erster Art (ausgezogen) und eine Kurve zweiter Art (gestrichelt). Im Falle der Kurven zweiter Art hat einer der vier durch *U, V, W* bestimmten dreieckigen Strahlenbereiche die Eigenschaft, dass keine seiner Strahlen die Kurve treffen. Man kann in diesem Bereich eine beliebige Eilinie *E* annehmen, so dass das aus *K* und *E* bestehende Gebilde die Eigenschaft behält, durch jeden Punkt höchstens drei Strahlen zu senden. Wir sprechen dann von einer *zweiteiligen* Kurve dritter Klasse.

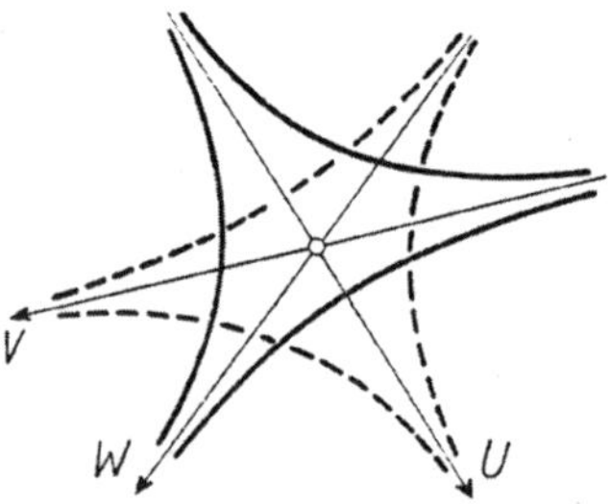

Figur 92

Liegen die drei Punkte *U, V, W* in einer Geraden, so artet jener dreieckige Strahlenbereich in eine Gerade aus. Figur 92 zeigt den zu Figur 89 polaren Spezialfall.

Elementarkurve K mit einer Dornspitze und einer Wendestelle: Diese Kurven sind identisch mit den Kurven dritter Ordnung dritter Art.

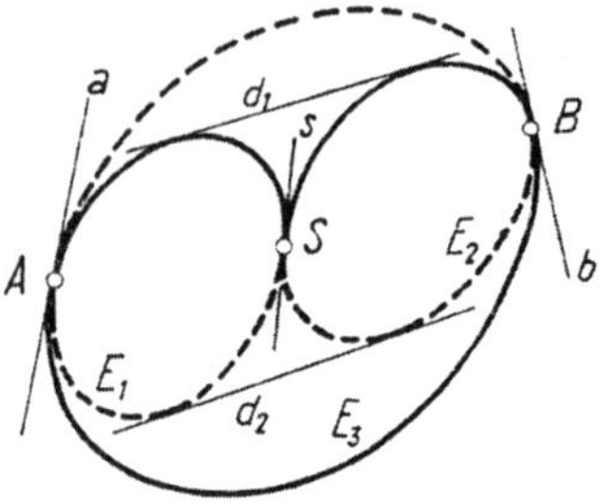

Figur 93

Elementarkurve K mit einer Dornspitze und einer Doppeltangente: Man wähle zwei Eilinien E_1 und E_2 (Figur 93), die ein gemeinsames Element $S{*}s$ besitzen; jede der beiden Eilinien soll (außer S) als Punktgebilde dem Außengebiet der anderen angehören. Es existieren dann außer s noch zwei weitere gemeinsame Tangenten d_1, d_2. (Dies erkennt man, wenn man E_1' durch die Gerade x von s aus durchlaufen lässt und die Schnittpunkte von x mit $E_2^{\bullet}$ verfolgt.) Auf denjenigen durch d_1, d_2 bestimmten Bögen, die s nicht enthalten, wählt man ein Element $A{*}a$ bzw. $B{*}b$. Diese Elemente werden durch eine dritte Eilinie E_3 verbunden, die $E_1^{\bullet}$ und $E_2^{\bullet}$ (außer A bzw. B) in ihrem Innengebiet enthält. Wählt man nun den einen der zwei durch a, b bestimmten einfachen Bögen auf E_3 und setzt ihn über a, b hinaus durch diejenigen einfachen Bögen (a … s) und (b … s) von E_1 bzw. E_2 fort, die in a und b regulär anschließen, so ergibt sich eine Elementarkurve dritter Klasse mit der Dornspitze S und einer Doppeltangente.

10 Das Auflösen von Doppelpunkten und Doppeltangenten

Es sei D der gemeinsame Endpunkt von zwei elementaren Bögen; die Geraden d_1 und d_2 seien deren Endtangenten in D (Figur 94). Wenn d_1 und d_2 nicht zusammenfallen, so bilden die beiden Bögen in D eine *Ecke.* Zum Beispiel bilden je zwei auf einen Doppelpunkt einer Elementarkurve führende Bögen in diesem eine Ecke. Wir können einen positiven Durchlaufungssinn auf den Bögen festlegen, so dass sich der Punkt X, der in diesem Sinne läuft, beim Überschreiten der Ecke stetig bewegt. Die Tangente x hingegen muss einen der beiden durch d_1 und d_2 gebildeten vollständigen Winkel überspringen.

Es sei d die gemeinsame Endtangente von zwei elementaren Bögen; die Punkte D_1 und D_2 seien deren Berührungspunkte in d (Figur 95). Wenn D_1 und D_2 nicht zusammenfallen, so bilden die beiden Bögen in d eine *Strecke* (das Wort ist nicht so treffend wie «Ecke»; wir nehmen es, um kein neues einführen zu müssen). Zum Beispiel bilden je zwei gegen eine Doppeltangente einer Elementarkurve führende Bögen in jener eine Strecke. Wir können einen positiven Durchlaufungssinn auf den Bögen festlegen, so dass sich die Tangente x, die in diesem Sinne läuft, beim Überschreiten der Strecke stetig bewegt. Der Berührungspunkt X hingegen muss eines der beiden durch D_1, D_2 gebildeten Segmente überspringen.

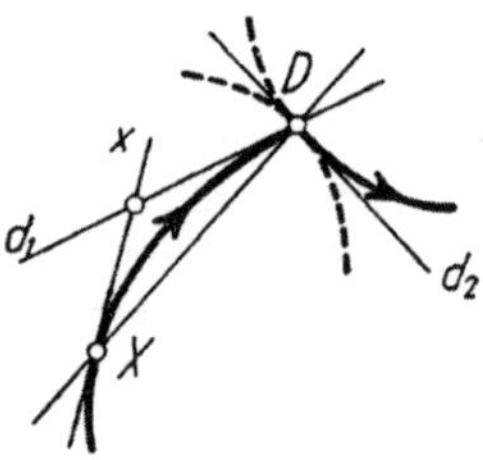

Figur 94

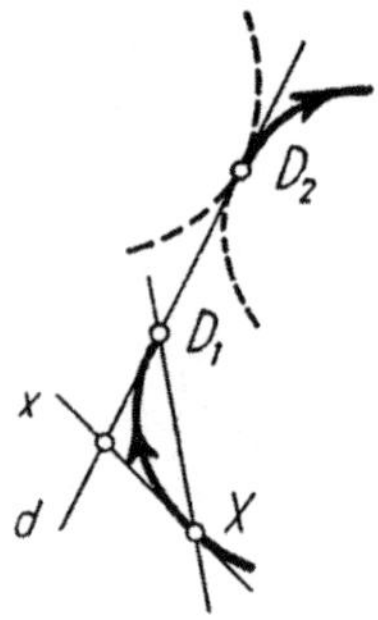

Figur 95

Zur Charakterisierung der Ecken und Strecken können wir uns auf Umgebungen von d_1 und d_2 bzw. D_1 und D_2 beschränken, die so klein sind, wie man will. Wir nennen diese beliebig beschränkten einfachen Bögen mit den Endtangenten d_1 und d_2 bzw. mit den Endpunkten D_1 und D_2 die Bogenenden, kurz die *Enden.*

Es gibt verschiedene Sorten von Ecken und Strecken. Für Ecken betrachten wir die Gebiete $(0^\bullet)$, $(1^\bullet)$ und $(2^\bullet)$ des ersten Endes. Das zweite Ende kann, da eine Ecke entstehen soll, nur im Gebiet $(0^\bullet)$ oder $(1^\bullet)$ des ersten Endes verlaufen. Wir haben somit drei Möglichkeiten:

1. Die *reguläre Ecke:* Jedes der beiden Enden verläuft im $(0^\bullet)$-Gebiet des anderen Endes (Figur 96).
2. Die *Dornecke:* Jedes der beiden Enden verläuft im $(1^\bullet)$-Gebiet des anderen Endes (Figur 97).
3. Die *Wendeecke:* Ein Ende verläuft im $(0^\bullet)$-Gebiet des anderen Endes, dieses im $(1^\bullet)$-Gebiet des ersteren (Figur 98).

1. Die *reguläre Strecke:* Jedes der beiden Enden gehört zum $(0')$-Bereich des anderen Endes (Figuren 104).
2. Die *Wendestrecke:* Jedes der beiden Enden gehört zum $(1')$-Bereich des anderen Endes (Figuren 105).
3. Die *Spitzenstrecke:* Ein Ende gehört zum $(0')$-Bereich des anderen Endes, dieses zum $(1')$-Bereich des ersteren (Figuren 106).

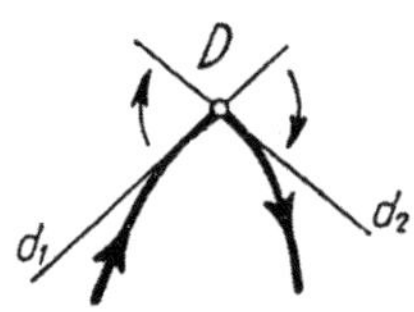

Figur 96

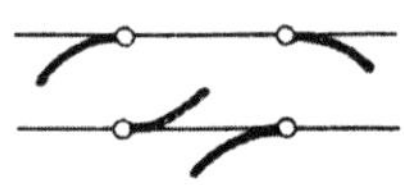

Figur 104

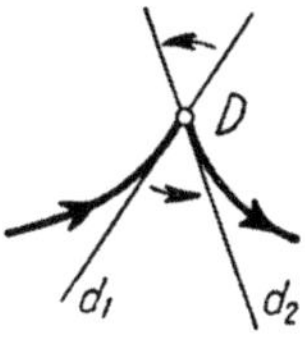

Figur 97

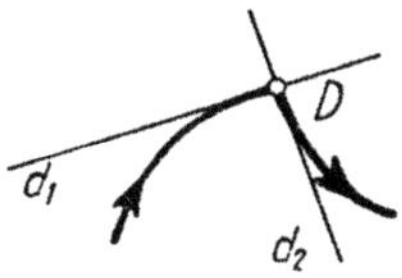

Figur 98

Die Namensgebung für Ecken wird durch den folgenden Umstand gerechtfertigt. Es sei $D*d$ ein reguläres Element eines Bogens. Der Punkt X laufe auf dem Bogen gegen D hin. Nimmt man mit dem auf D folgenden Bogenstück ein «Abdrehen» vor im Sinne der Drehung des Blickstrahls DX, so entsteht eine Ecke der ersten Art. Erfolgt das Abdrehen um eine Dornspitze, so ergibt sich eine Ecke der zweiten Art; beim Abdrehen um einen Punkt mit Wendetangente (Wendestelle, Schnabelspitze) eine Ecke der dritten Art. Man beachte aber, dass dieses Abdrehen nicht zur Definition benützt wird; hierzu dienen uns die Beziehungen zu den Gebieten $(0^\bullet)$ und $(1^\bullet)$.

Wir können den in einer Ecke stattfindenden Sprung in der Folge der Tangenten dadurch überbrücken, dass wir von der einen Endtangente ausgehend den einen der beiden vollständigen Winkel durchlaufen

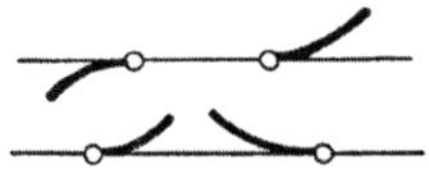

Figur 105

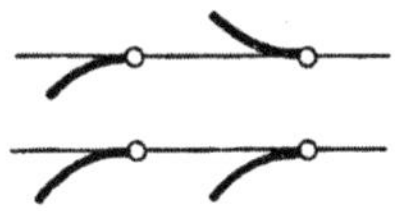

Figur 106

Im Falle der regulären Strecken kann die Strecke dadurch erzeugt werden, dass man längs der Tangente einer regulären Stelle eine «Verschiebung» im Sinne der Bewegung des Spurpunktes dx vornimmt; in den anderen Fällen entsprechend längs der Tangente einer Wendestelle oder einer Spitze.

Den in einer Strecke stattfindenden Sprung in der Folge der Kurvenpunkte können wir überbrücken, indem wir, vom einen Berührungspunkt ausgehend, das eine der beiden Segmente durchlaufen, die lassen, die von den beiden Endtangenten bestimmt werden.

Es gibt fünf Arten von überbrückten Ecken. Durchläuft nämlich *X* die Ecke *D*, so kann die Überbrückung derart erfolgen, dass man die eine Endtangente entweder im Sinne der Drehung des Blickstrahls *DX* oder in dem zu jenem entgegengesetzten Sinne weiterdreht. Bei der regulären Ecke geschieht die Überbrückung bei beiden Endtangenten entweder ohne Sinnänderung (Figur 99) oder mit Sinnänderung (Figur 100). Dasselbe gilt für die Dornecke (Figuren 101 und 102). Bei der Wendeecke tritt hingegen, unabhängig vom Durchlaufungssinn, bei der einen Endtangente eine Sinnänderung ein, bei der anderen Endtangente keine (Figur 103).

durch die beiden Berührungspunkte bestimmt werden.

Man erhält so fünf verschiedene Arten von überbrückten Strecken (Figuren 107 bis 111).

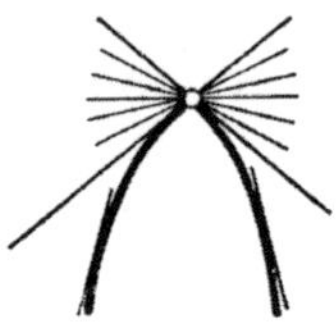

Figur 99

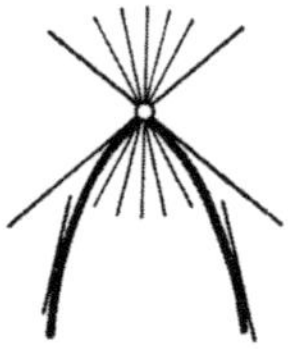

Figur 100

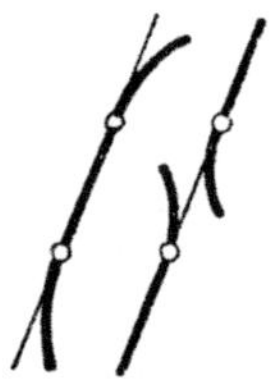

Figur 107

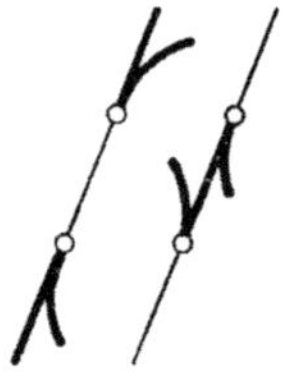

Figur 108

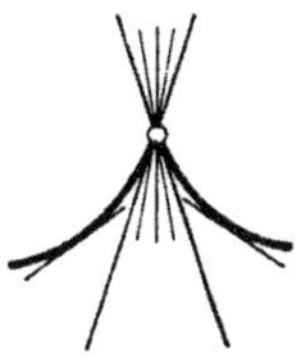

Figur 101

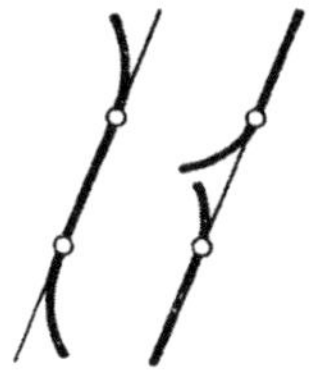

Figur 109

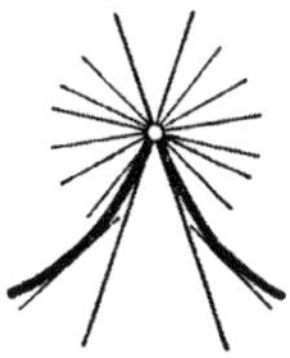

Figur 102

Figur 110

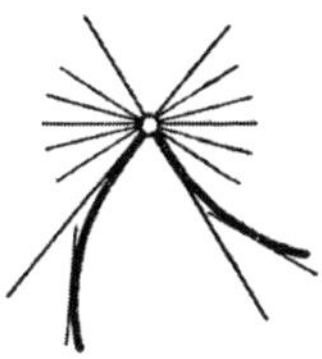

Figur 103

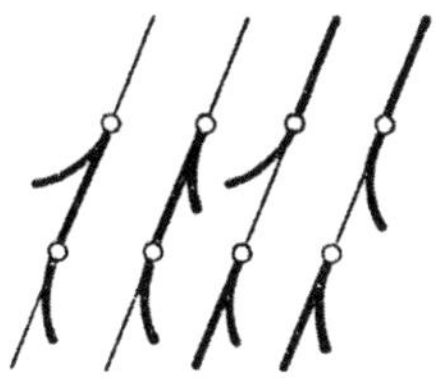

Figur 111

Die Gebilde, bestehend aus endlich vielen elementaren Bögen, die längs überbrückten Ecken oder überbrückten Strecken zusammenhängen, sind sowohl als Punkt- wie auch als Strahlengebilde stetig. Im Unterschied zu den elementaren Bögen treten aber in der Bewegung von *PX* oder von *px* in einzelnen Elementen *P*p* nicht nur Lückenstrahlen bzw. Lückenpunkte, sondern auch zu überbrückende Ecken bzw. Strecken auf.

Für unsere Zwecke ist die Einbeziehung von Ecken und Strecken aus dem Grunde nützlich, weil durch den nun zu erklärenden Prozess des Rundens von Ecken und Strecken aus einem gegebenen elementaren Bogen mit einem Doppelpunkt oder mit einer Doppeltangente andere elementare Bögen in einfacher Weise erzeugt werden können.

Das Runden von Ecken: Es sei *D* eine Ecke; die Geraden d_1 und d_2 seien die Endtangenten der zur Ecke führenden Bögen. Auf den Enden, die wir als einfache Bögen annehmen

Das Runden von Strecken: Der Punkt *uv* soll an die beiden Enden außer *u* und *v* keine weiteren Tangenten senden:

können, wählen wir je ein Element $U*u$ und $V*v$. Die Gerade *UV* soll hierbei mit den Enden außer *U* und *V* keine weiteren Punkte gemeinsam haben. Nun denken wir uns die Stücke (*U* … *D*) und (*V*… *D*) der beiden Enden ausgetilgt und in der folgenden Weise durch einen einfachen Bogen (*U* … *V*) ersetzt, der die verbliebenen Endstücke verbindet:

Im Falle der regulären Ecke soll der Ersatzbogen in *U* und in *V* regulär anschließen (Figur 112).

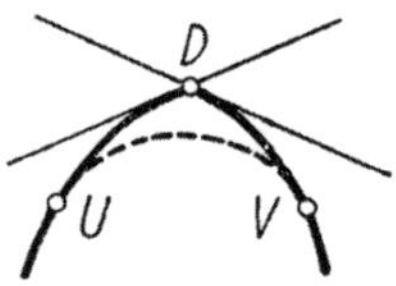

Figur 112

Im Falle der Dornecke soll der Ersatzbogen in *U* und in *V* Wendestellen bilden (Figur 113).

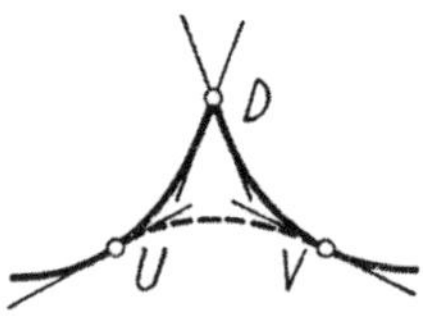

Figur 113

Im Falle der regulären Strecke soll der Ersatzbogen in *u* und in *v* regulär anschließen (Figuren 115).

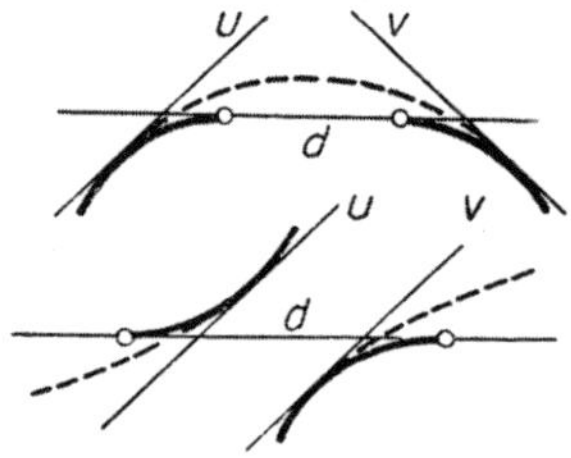

Figur 115

Im Falle der Wendestrecke soll der Ersatzbogen in *u* und in *v* Dornspitzen bilden (Figuren 116).

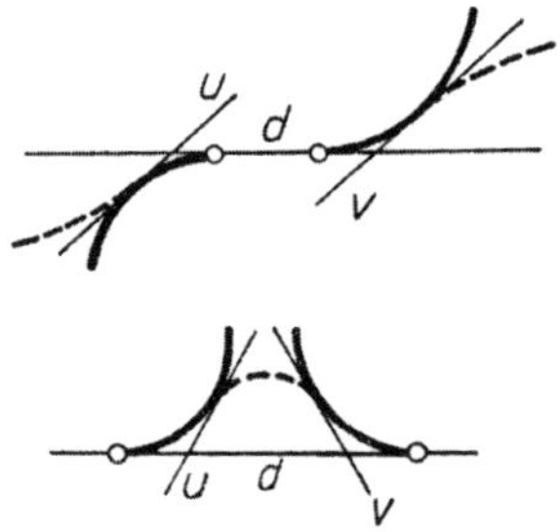

Figur 116

Im Falle der Wendeecke soll der Ersatzbogen im verbleibenden Teil des Endes, das im $(1^{\bullet})$-Gebiet des anderen Endes liegt, regulär anschließen, im verbleibenden Teil des anderen Endes hingegen in einer Wendestelle (Figur 114).

Im Falle der Spitzenstrecke soll der Ersatzbogen im verbleibenden Teil des Endes, das dem $(1')$-Bereich des anderen Endes angehört, regulär anschließen, im verbleibenden Teil des anderen Endes hingegen in einer Dornspitze (Figuren 117).

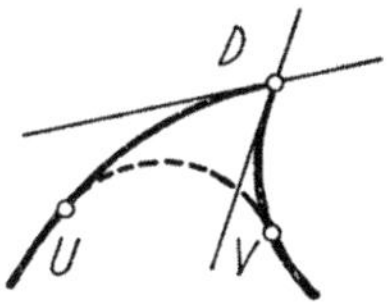

Figur 114

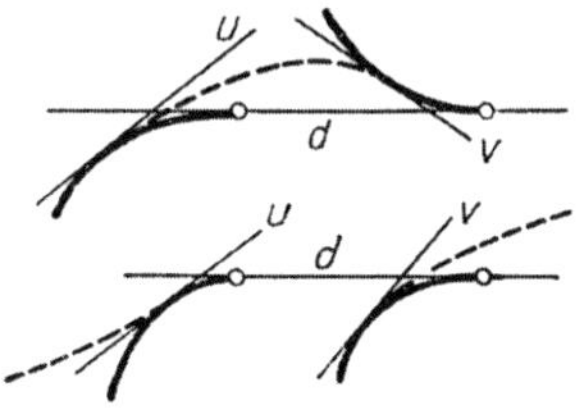

Figur 117

40 A *Beim Runden einer Ecke gilt: Jede Gerade, die mit dem Ersatzbogen einen Punkt oder zwei Punkte gemeinsam hat, besitzt mit dem aus den ersetzten Bögen bestehenden Gebilde auch mindestens einen bzw. zwei gemeinsame Punkte.*

40 a *Beim Runden einer Strecke gilt: Jeder Punkt, der an den Ersatzbogen eine Tangente oder zwei Tangenten sendet, sendet auch an das aus den ersetzten Bögen bestehende Gebilde mindestens eine bzw. zwei Tangenten.*

Beweis von **40 A:** Man betrachte das Dreieck *UVD* und greife auf dessen Seiten diejenigen Segmente *UV, VD, DU* heraus, deren Punkte keine Tangenten an den Bogen (*U* … *V*) bzw. (*V* … *D*), (*D* … *U*) senden. Eine Gerade, die ein solches Segment schneidet, muss erstens den zugehörigen Bogen, zweitens auch noch genau ein zweites jener Segmente, drittens also auch den zu diesem gehörenden Bogen treffen. Ferner trifft eine Gerade, die das Segment *UV* nicht, hingegen (*U* … *V*) in zwei Punkten schneidet, die beiden anderen Segmente. ■

Das Auflösen eines Doppelpunktes: Es sei *D* ein Doppelpunkt einer Elementarkurve. Die beiden durch *D* laufenden Bogenteile sollen in *D* nicht zusammenfallende Tangenten und keine Singularitäten aufweisen. Die vier zu *D* hinführenden Bögen bilden eine reguläre Ecke, eine Dornecke und zwei Wendeecken. Hierbei «trennen sich» das Paar der

Das Auflösen einer Doppeltangente: Es sei *d* eine Doppeltangente einer Elementarkurve. Von besonderen Fällen abgesehen, bilden die vier zu *d* hinführenden Bögen eine reguläre Strecke, eine Wendestrecke und zwei Spitzenstrecken.

Wendeecken und das Paar der regulären Ecke und der Dornecke.

Unter der *symmetrischen* Auflösung des Doppelpunktes verstehen wir das Runden der beiden Wendeecken (Figur 118).

Figur 118

Das *unsymmetrische* Auflösen besteht im Runden der regulären Ecke und der Dornecke (Figur 119).

Figur 119

Die Figuren 120 und 121 zeigen, wie dadurch aus einer gegebenen Elementarkurve eine andere (in Figur 121 eine zweiteilige) gewonnen werden kann.

Figur 120

Figur 121

Unter der *symmetrischen* Auflösung der Doppeltangente verstehen wir das Runden der beiden Spitzenstrecken (Figur 122).

Figur 122

Das *unsymmetrische* Auflösen besteht im Runden der regulären Strecke und der Wendestrecke (Figur 123).

Figur 123

Die Figuren 124 und 125 zeigen Beispiele.

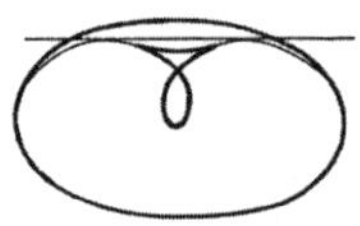

Figur 124

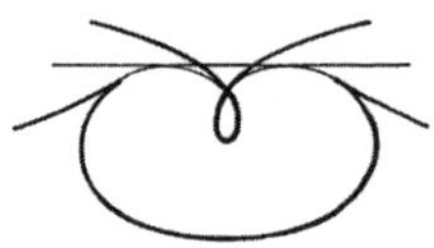

Figur 125

Nach **40 A** gilt:

41 A *Durch das Auflösen eines Doppelpunktes wird die Ordnung nicht erhöht.*

Das Auflösen von Doppelpunkten stellt somit ein Mittel dar, aus einer gegebenen Elementarkurve eine andere zu erzeugen, die sicher nicht von höherer Ordnung ist.

Nach **40 a** gilt:

41 a. *Durch das Auflösen einer Doppeltangente wird die Klasse nicht erhöht.*

Man verfolge in den Einzelheiten (Einordnung in das Punkt- und Strahlenfeld), wie sich die Figuren 118 und 122, 119 und 123, 120 und 124, 121 und 125 entsprechen.

In diesem Zusammenhang besprechen wir noch das *Zusammenziehen einer Schleife zu einer Dornspitze* und den polaren Vorgang.

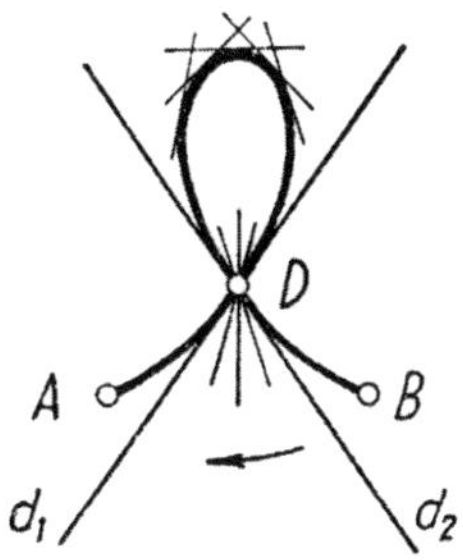

Figur 126

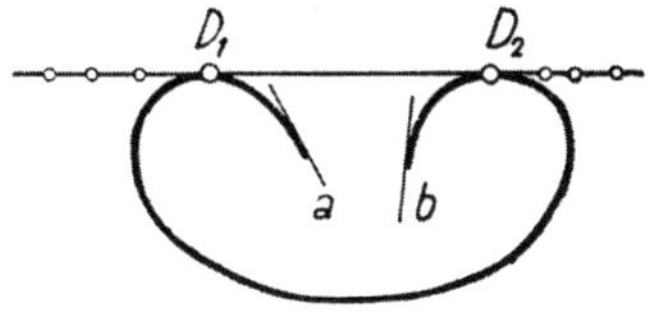

Figur 128

Figur 126 zeigt eine Schleife, das ist ein C-Bogen, dessen Endpunkte in einen Punkt D zusammenfallen, dessen Endtangenten d_1 und d_2 aber verschieden sind. Die Schleife ist über D hinaus um einfache Bögen bis A bzw. B regulär fortgesetzt. Für den nun zu schildernden Vorgang sollen A, B, D und d_1 festgehalten werden, während d_2 sich um D bis d_1 drehe, und zwar im gleichen Sinne wie der Blickstrahl DX, wenn X den Bogen von B aus bis D durchläuft.

Figur 128 zeigt einen C-Bogen, dessen Endtangenten in eine Gerade d zusammenfallen, dessen Endpunkte D_1 und D_2 aber verschieden sind. Diesen C-Bogen setzen wir über d hinaus um einfache Bögen regulär bis a bzw. b fort. Nun lassen wir a, b, d und D_1 fest, während D_2 sich auf d gegen D_1 hin bewege, und zwar im gleichen Sinne wie der Spurpunkt dx, wenn x den Bogen von b aus bis d durchläuft.

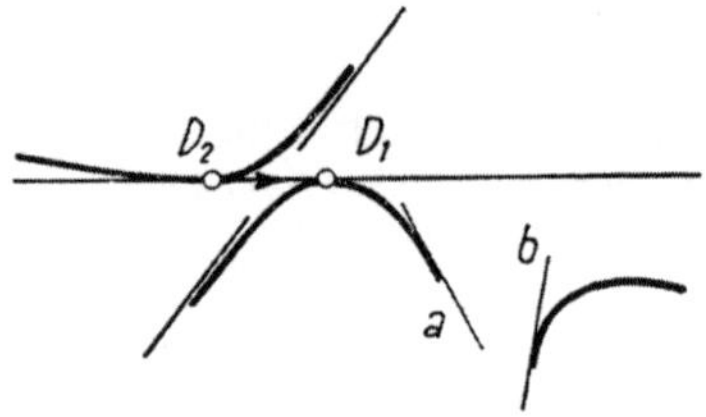

Figur 129

Wenn d_2 nach d_1 gelangt ist, hat man eine *Dornspitze* D. Der Vorgang lässt jedoch noch eine gewisse Willkür: Wir können entweder die Schleife auf D selbst zusammenziehen oder in eine Strecke DE ausarten lassen; im letzteren Falle wird aus der Tangentenfolge der Schleife das Strahlenbüschel (E) (Figur 127).

In Figur 129 ist D_2 schon «nahe» an D_1 herangerückt. Es muss in der Grenzlage eine *Wendestelle* entstehen. Zunächst mag es merkwürdig erscheinen, dass zwischen D_2 und D_1 ein Durchgang durch das Unendliche auftritt. (Der Durchgang über das Unendliche zwischen b und D_2 ist nicht im gleichen Sinne wesentlich.) Das ist aber notwendig, da sich am Schluss entsprechend dem Strahlenbüschel (E) eine Punktreihe (e) durch D_1 ergeben muss (Figur 130), deren Lage beliebig ist; insbesondere kann man den Vorgang so lenken, dass (e) auf d zu liegen kommt, entsprechend dem Zusammenziehen der Schleife auf einen Punkt.

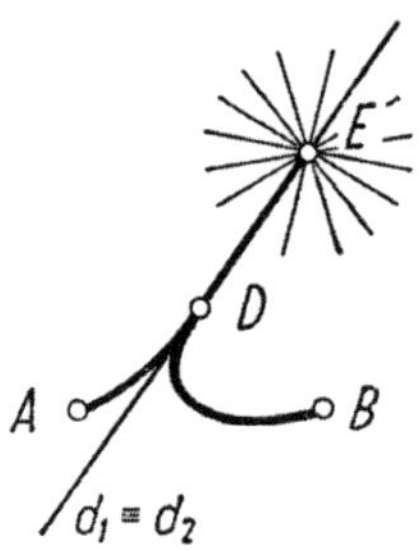

Figur 127

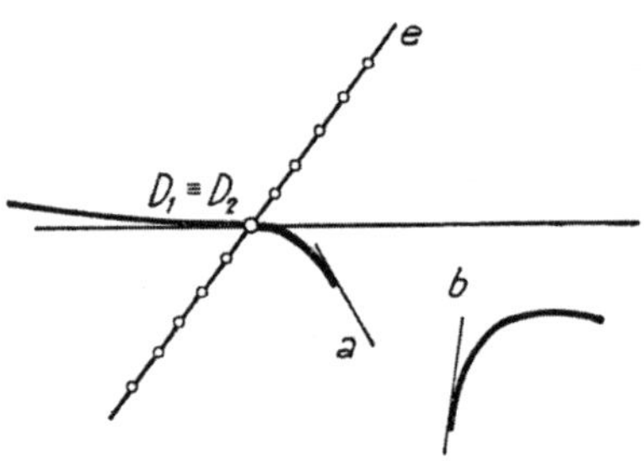

Figur 130

An diesem Beispiel wird das Funktionieren des Gesetzes der Polarität in allen Einzelheiten sehr schön sichtbar.

11 Beispiele und Hinweise

Wir haben in den vorangegangenen Kapiteln die Grundlagen einer freien Geometrie der ebenen Kurven entwickelt und damit das Ziel unserer Einführung erreicht. Im Folgenden bringen wir noch einige Beispiele und zum Schluss Hinweise auf nicht gelöste Probleme.

Zunächst einige Beispiele von *Elementarkurven vierter Ordnung* bzw. *vierter Klasse.*

Wir gehen von zwei Eilinien aus, die vier gemeinsame Punkte *A, B, C, D,* aber keine gemeinsamen Tangenten besitzen. Das aus den beiden Eilinien bestehende Gebilde ist von vierter Ordnung. Nun lösen wir den Doppelpunkt *D* des Gebildes auf. Figur 131 zeigt die unsymmetrische, Figur 132 die symmetrische Auflösung. Man erhält so zwei (einteilige) Elementarkurven mit drei Doppelpunkten und zwei Wendestellen; sie sind von der Ordnung 4, weil nach **41 A** durch das Auflösen eines Doppelpunktes die Ordnung nicht erhöht wird und ferner die Ordnung 3 wegen der drei Doppelpunkte nicht in Frage kommt. Die beiden Formen sind wesentlich verschieden: Im ersten Fall sendet nur ein Doppelpunkt (nämlich *A*) außer seinen eigenen Tangenten keine weiteren Tangenten, im zweiten Falle hingegen hat es zwei solche Doppelpunkte (*B* und *C*).

Der polare Vorgang liefert uns zwei (einteilige) Elementarkurven von der vierten Klasse mit drei Doppeltangenten und zwei Dornspitzen: Ausgehend von zwei Eilinien, die vier gemeinsame Tangenten *a, b, c, d,* aber keine gemeinsamen Punkte besitzen, lösen wir die Doppeltangente *d* des Gebildes unsymmetrisch (Figur 133) oder symmetrisch (Figuren 134 und 135) auf. Während die Kurve in Figur 133 nur eine Doppeltangente (nämlich *a*) besitzt, welche außer ihren Berührungspunkten keine weiteren Kurvenpunkte enthält, hat die Kurve in Figur 134 bzw. 135 zwei solche Doppeltangenten (*b* und *c*).

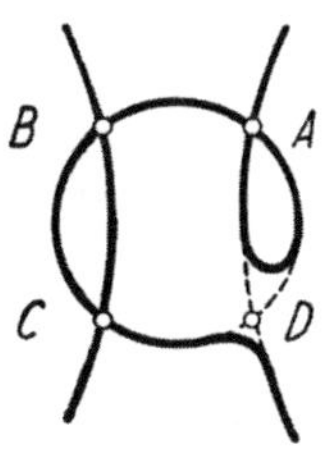

Figur 131

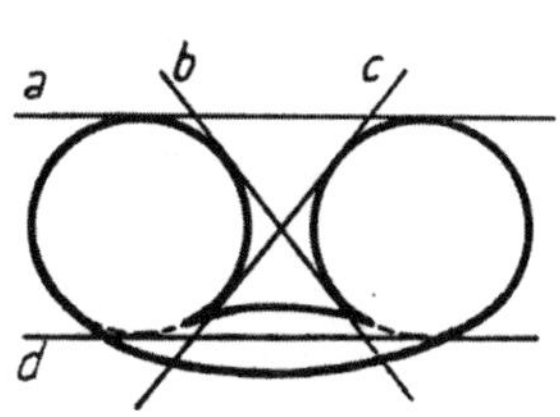

Figur 133

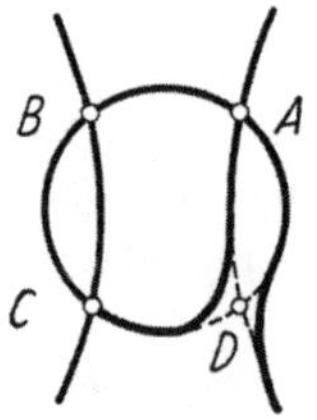

Figur 132

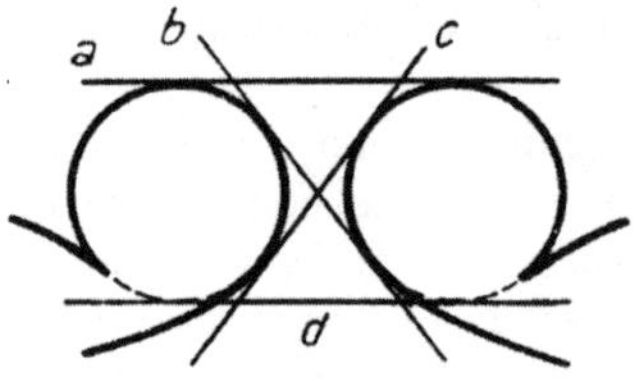

Figur 134

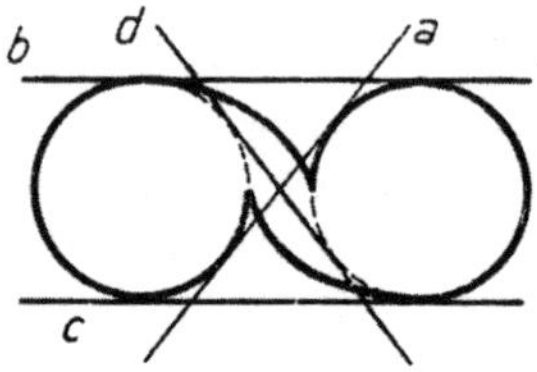

Figur 135

Die Figuren 136 und 137 zeigen eine zweiteilige Elementarkurve vierter Ordnung bzw. Klasse mit zwei Doppelpunkten und vier Wendestellen bzw. mit zwei Doppeltangenten und vier Dornspitzen, erzeugt aus zwei Eilinien durch Auflösen von zwei Doppelpunkten bzw. zwei Doppeltangenten.

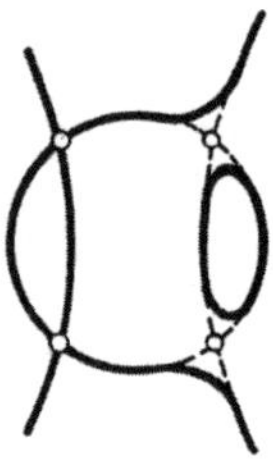

Figur 136

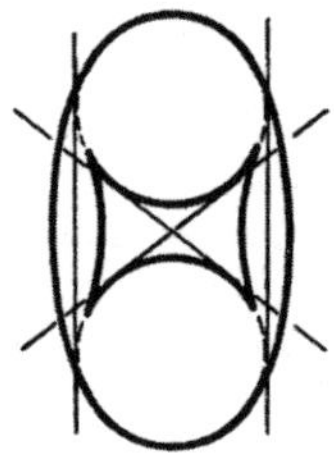

Figur 137

Weitere Beispiele von einteiligen Elementarkurven vierter Ordnung, ausgehend von zwei Eilinien mit zwei gemeinsamen Punkten und zwei gemeinsamen Tangenten, zeigen die Figuren 138 bis 140; die Gegenformen vierter Klasse die Figuren 141 bis 143.

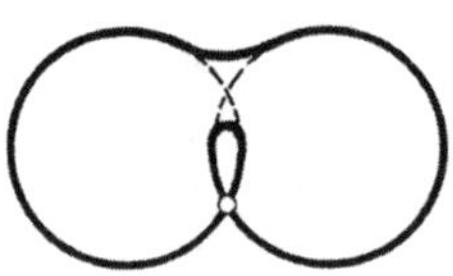

Figur 138

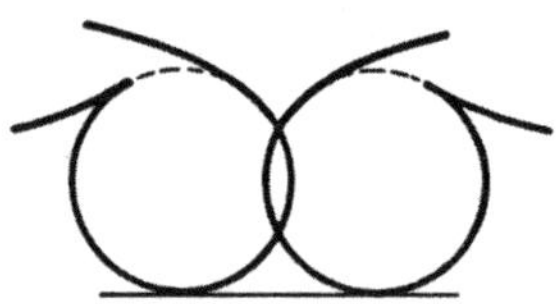

Figur 141

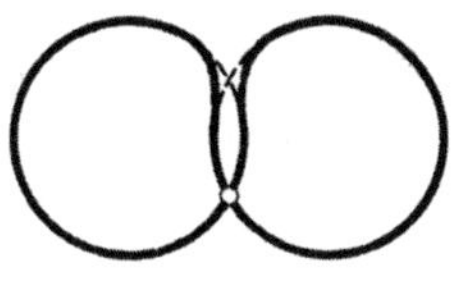

Figur 139

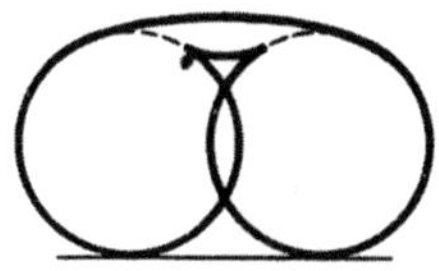

Figur 142

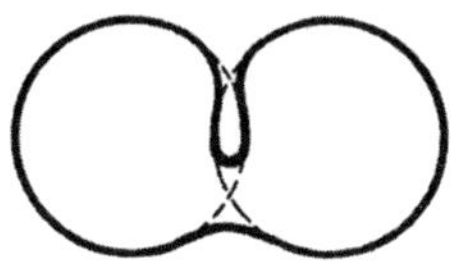

Figur 140

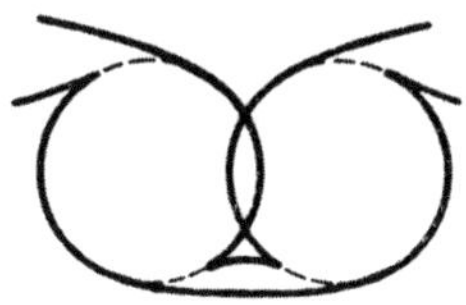

Figur 143

Man erkennt, dass durch den geschilderten Prozess eine Fülle von Formen gegebener Ordnung oder Klasse erzeugt werden kann. Es wäre nicht schwer, nun zunächst die einteiligen Elementarkurven vierter Ordnung bzw. vierter Klasse systematisch zu behandeln. Dies hat C. JUEL 1914 durchgeführt. Immerhin ist zu wünschen, dass die zusammenfassende Behandlung noch vereinfacht werde.

Die *Elementarkurven fünfter Ordnung* weisen bereits eine kaum zu überschauende Mannigfaltigkeit von Formen auf. Eine durchgreifende Systematik ist unseres Wissens noch nicht geleistet.

Es stellt sich bei der Inangriffnahme dieser und ähnlicher Aufgaben die Frage, wie weit man durch den Prozess des Rundens von Ecken und Strecken gelangt, das heißt, wie umfassend die Kurventypen sind, die man auf diese Weise aus mehrteiligen Gebilden gegebener Ordnung, deren einteilige Züge einfachere Kurven sind, erzeugen kann. (Zum Beispiel Kurven fünfter Ordnung durch Auflösen von Doppelpunkten oder Doppeltangenten desjenigen Gebildes, das aus einer Eilinie und einer Kurve dritter Ordnung besteht.) Man wird hierbei auch das Runden von Gebilden, die aus Geraden zusammengesetzt sind, ins Auge fassen. Es ist ohne weiteres klar, wie dies gemeint ist (Beispiele zeigen die Figuren 144 und 145).

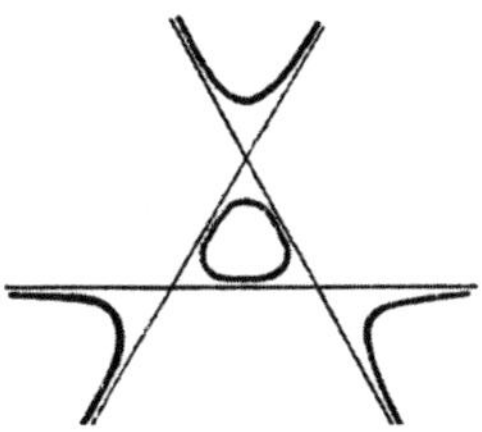

Figur 144

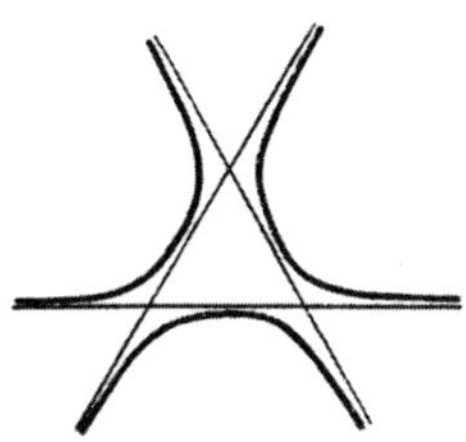

Figur 145

Wir fragen uns, was wir im Grunde von einer vollkommenen Theorie der ebenen Elementarkurven erwarten möchten. Dazu gehört offenbar eine Antwort auf das folgende Problem: Es seien n die Ordnung, m die Klasse einer Elementarkurve K; K besitze $d^{\bullet}$ zweifache Punkte, deren Tangenten nicht zusammenfallen (gewöhnliche Doppelpunkte), und d' zweifache Tangenten, deren Berührungspunkte nicht zusammenfallen (gewöhnliche Doppeltangenten), ferner seien s und w die Anzahlen ihrer Spitzen bzw. Wendetangenten. Es ist klar, dass diese sechs Zahlen nicht willkürlich vorgeschrieben werden können. Es müssen somit gewisse Beziehungen zwischen ihnen bestehen. Welche Beziehungen herrschen zwischen den sechs Zahlen $n, m, s, w, d^{\bullet}, d'$? Es ist in dieser Richtung heute noch sehr wenig bekannt.

Die Schwierigkeit der Sache wird verständlicher, wenn man von einem anderen Problem, das man sachgemäß als ein Grundproblem der Geometrie überhaupt bezeichnen darf, Kenntnis hat. Aus den Grundsätzen im ersten Kapitel kann man leicht schließen, dass drei Geraden allgemeiner Lage die Ebene als Punktfeld stets in vier dreiseitige Gebiete zerlegen (Satz **5 A**), dass vier Geraden allgemeiner Lage drei vierseitige und vier dreiseitige Gebiete bilden, und ferner, dass fünf Geraden allgemeiner Lage das Punktfeld stets in ein fünfseitiges, fünf vierseitige und fünf dreiseitige Gebiete teilen. Durch eine kleine Überlegung sieht man leicht, dass n Geraden, von denen keine drei durch einen Punkt gehen, die projektive Ebene in $1+\frac{n}{2}(n-1)$ Gebiete zerlegen. Ist aber n größer als 5, so gibt es wesentlich verschiedene Typen solcher Zerlegungen. Für $n = 6$ sind es vier, für $n = 7$ bereits elf verschiedene Typen. Es ist aber bis heute unbekannt, wie die Anzahl der möglichen Typen von der Anzahl der Geraden abhängt. Man weiß zum Beispiel nicht, wie viele wesentlich verschiedene Einteilungen des Punktfeldes durch zehn Geraden hervorgebracht werden können. Es ist klar, dass dieses Grundproblem eng mit den verschiedenen möglichen Formen der Elementarkurven n-ter Ordnung zusammenhängt.

Wie fast in allen Gebieten der Mathematik kommt man somit auch hier zur Einsicht, dass man von den Gesetzen, die im Reiche der ebenen Formen walten, noch recht wenig erkannt hat.

12 Aufgaben

Die folgenden Aufgaben mögen zur selbständigen Beschäftigung anregen. Die erste Gruppe (Nummern 1 bis 13) bringt Übungen, die nach Kenntnisnahme der vorangegangenen Kapitel ohne Schwierigkeiten durchgeführt werden können. Die zweite Gruppe (Nummern 14 bis 19) stellt etwas größere Anforderungen. Die dritte Gruppe (Nummern 20 bis 28) erfordert, dass man die dargelegten Begriffe und Verfahren selbständig anwenden kann.

1. Man zeichne einen elementaren Bogen mit einigen Singularitäten und verdeutliche sich den Inhalt des Hauptsatzes **15 A** bzw. **15 a.**

2. Man zeichne einen elementaren Bogen mit einigen Singularitäten und verdeutliche sich den Inhalt des Satzes **17 A** bzw. **17 a.**

3. Man wähle zwei Elemente $A*a$ und $B*b$, so dass weder A auf b noch B auf a liegt, und verbinde sie auf vier wesentlich verschiedene Arten durch einfache Bögen. Ferner sind in jedem Falle die Gebiete $(0^{\bullet})$, $(1^{\bullet})$, $(2^{\bullet})$ und Bereiche $(0')$, $(1')$, $(2')$ zu bestimmen.

4. Wie Aufgabe 3 für den Fall, dass B unendlichfern ist.

5. Man lege sich einen singularitätenfreien elementaren Bogen vor und bestätige den Satz **24 Aa.**

6. Man prüfe an einigen Figuren den Satz **30 A** bzw. **30 a**.

7. Man prüfe an einigen Figuren die Sätze **34 Aa** und **35 Aa**.

Figur 146

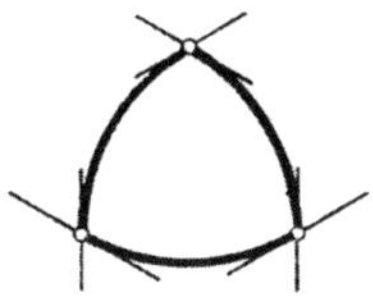

Figur 147

Figur 148

Figur 149

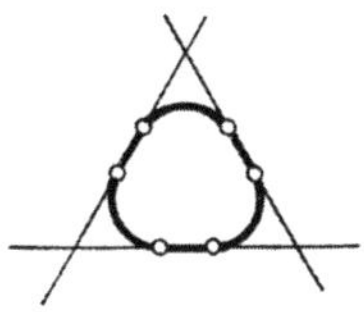

Figur 150

Figur 151

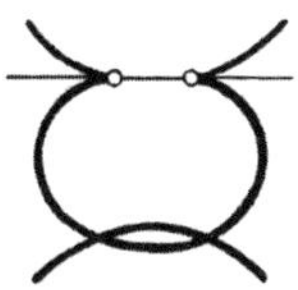

Figur 152

Figur 153

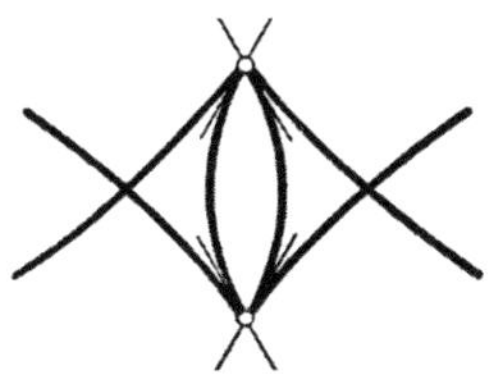

Figur 154

Figur 155

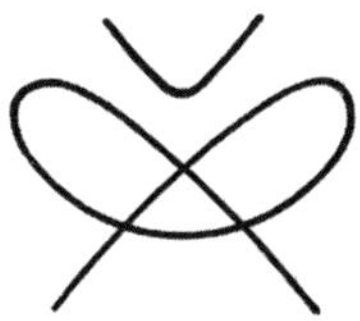

Figur 156

8. Aus einer vorgelegten Elementarkurve dritter Ordnung mit einem Doppelpunkt erzeuge man durch Auflösen des Doppelpunktes andere Kurven dritter Ordnung. Dasselbe polar.

9. Man bilde einige Elementarkurven vierter Ordnung mit Hilfe des Auflösens von Doppelpunkten und Doppeltangenten, ausgehend von zwei Eilinien mit vier gemeinsamen Punkten und vier gemeinsamen Tangenten, ferner ihre Gegenformen.

10. Man erzeuge, ausgehend von einer Eilinie und einer Elementarkurve dritter Ordnung, einige Elementarkurven fünfter Ordnung und ihre Gegenformen durch Auflösen von Doppelpunkten oder Doppeltangenten.

11. Ausgehend von drei Eilinien zeichne man durch Auflösen von Doppelpunkten oder Doppeltangenten einige Elementarkurven sechster Ordnung und ihre Gegenformen.

12. Man verdeutliche sich die drei Sorten von Ecken für den Fall, dass sie unendlichfern sind. Ferner sind die entsprechenden fünf Sorten von überbrückten Ecken zu bilden.

13. Man suche die Gegenformen der in den Figuren 146 bis 156 gezeichneten Formen.

14. Man beweise die zu den Sätzen **36 A** und **37A** polaren Sätze und führe die zu den Betrachtungen des Kapitels 9 über die Elementarkurven dritter Ordnung polaren Untersuchungen aus. (Man kann den vorliegenden Text «übersetzen».)

15. Eine Elementarkurve *K* besitze mit jeder Geraden eines Strahlenbüschels genau einen gemeinsamen Punkt. Man zeige: die Elementarkurve *K* hat entweder mindestens drei Wendestellen oder mindestens eine Wendestelle und mindestens eine Spitze.

Figur 157

Figur 158

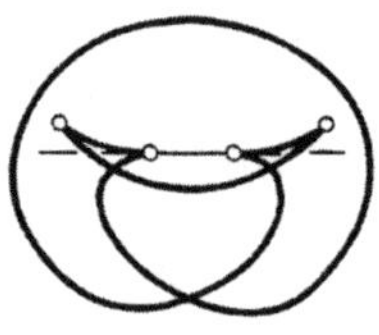

Figur 159

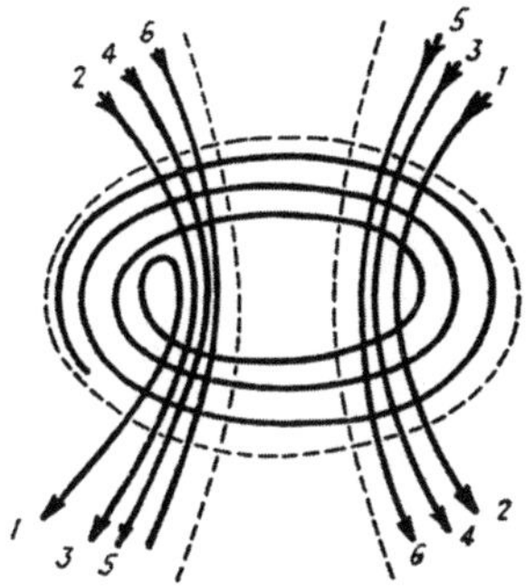

Figur 60

16. Eine Elementarkurve K sende durch jeden Punkt einer Geraden genau eine Tangente. Man zeige: die Elementarkurve K hat entweder mindestens drei Dornspitzen oder mindestens eine Dornspitze und mindestens eine Wendetangente.

17. Man zeichne die zu einer Wellenlinie polare Figur.

18. Man bilde die Gegenformen der in den Figuren 157 bis 160 gezeichneten Formen.

19. Man verwandle Figur 161 über die Figuren 162 und 163 in Figur 164. Wie sieht die Verwandlung für die Gegenformen aus?

Figur 161 bis Figur 164

* * *

20. Es sei eine Eilinie E gegeben. P sei ein beliebiger innerer Punkt. Jede Gerade s durch P schneidet E in zwei Punkten. S sei der Schnittpunkt der Tangenten in diesen Punkten. Dreht sich s um P, so wird S eine geschlossene Kurve $l(P)$ durchlaufen (Figuren 165 und 166). Man zeige:

a) Jede l-Kurve verläuft ganz im äußeren Punktgebiet von E.

b) Mit jeder Tangente von E und mit jeder äußeren Geraden von E hat jede l-Kurve genau einen Punkt gemeinsam.

c) Jede l-Kurve ist von ungerader Ordnung.

d) Durch zwei Punkte auf einer inneren Geraden ist genau eine l-Kurve bestimmt.

e) Zwei l-Kurven haben einen und nur einen gemeinsamen Punkt.

f) Eine l-Kurve hat keine Spitzen und keine Doppelpunkte.

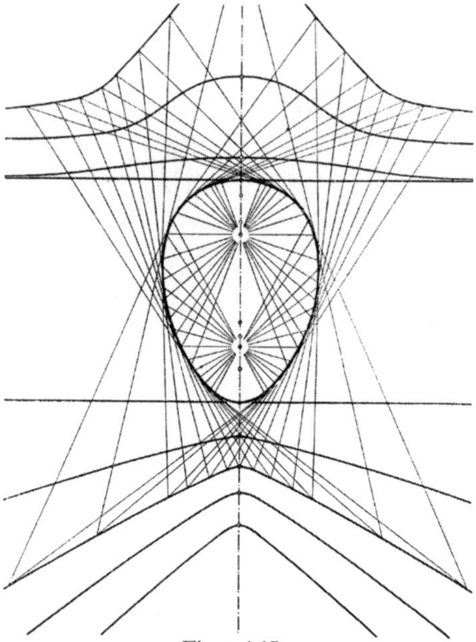

Figur 165

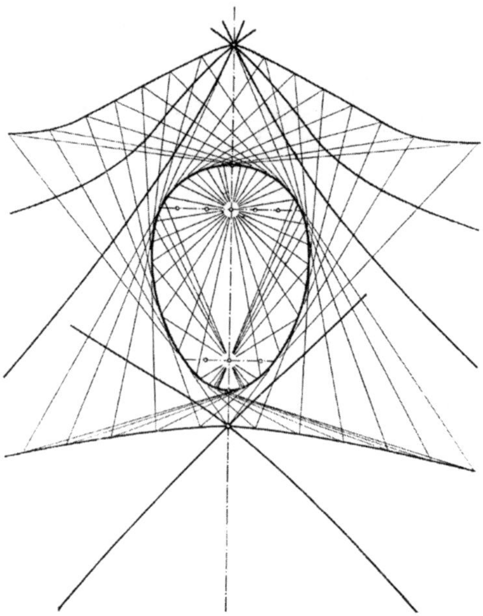

Figur 166

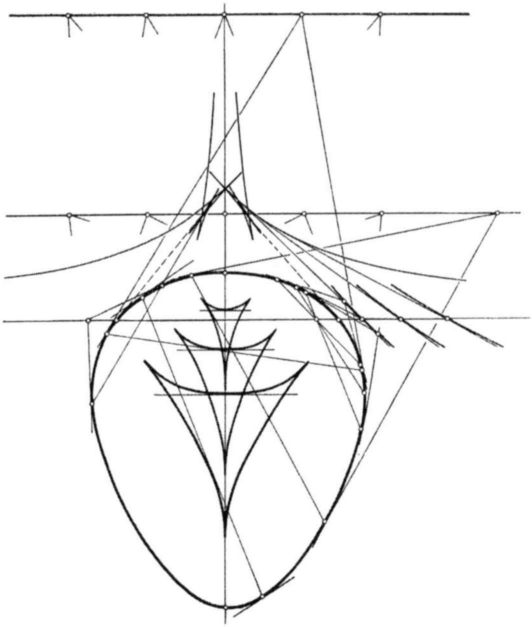

Figur 167

Es stellt sich hier das Problem, wie man auch für einen äußeren Punkt *P* die Kurve *l*(*P*) sinnvoll zu konstruieren hat. Diese Frage wird behandelt in der Arbeit LOCHER-ERNST 1951.

21. Man entwickle die zu den Sätzen in Nr. 20 polaren Sätze (Figuren 167 und 168).

22. Weiß man von zwei Elementarkurven, von denen wenigstens die eine von gerader Ordnung ist, dass sie eine ungerade Anzahl von Punkten gemeinsam haben, ohne sich zu berühren, dann besitzen sie mindestens noch einen weiteren gemeinsamen Punkt (VON STAUDT). (Sind K_1 und K_2 die Kurven, so wähle man etwa auf K_1 einen Punkt *A*, der *n* Tangenten an K_2 senden möge. Nun lässt man *X* von *A* aus K_1 genau einmal durchlaufen und prüft, wie sich die Anzahl der von *X* an K_2 gesandten Tangenten verhält.)

23. Weiß man von zwei Elementarkurven ungerader Ordnung, dass sie eine gerade Anzahl von Punkten gemeinsam haben, ohne sich zu berühren, dann besitzen sie mindestens noch einen weiteren gemeinsamen Punkt (VON STAUDT).

24. Eine Elementarkurve, die keine Spitzen, Doppelpunkte und Doppeltangenten, hingegen *w* Wendestellen besitzt, ist aus *w* einfachen Bögen zusammengesetzt (JUEL).

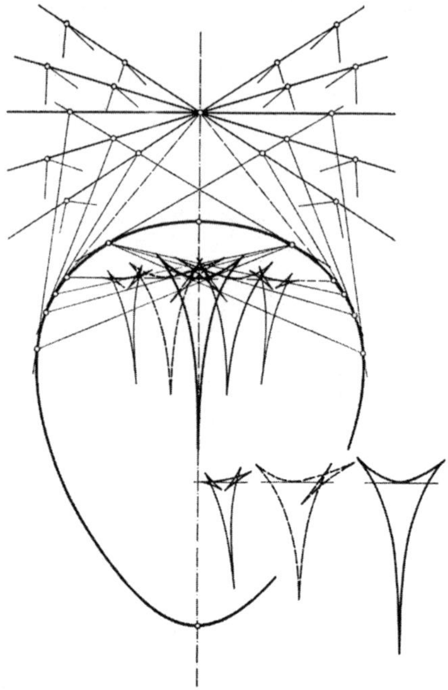

Figur 168

25. Ein elementarer Bogen, der an Singularitäten entweder nur Doppeltangenten oder nur Doppelpunkte aufweist, lässt sich auf verschiedene Arten durch einen seiner Punkte in zwei Spiralenbögen zerlegen. Die Doppeltangenten bzw. Doppelpunkte sind gemeinsame Tangenten bzw. Punkte jener Bögen (KNESER).

26. Es gibt keine Elementarkurve, die an Singularitäten entweder nur Doppelpunkte oder nur Doppeltangenten aufweist (KNESER).

27. Ein offener elementarer Bogen, der an Singularitäten nur Doppeltangenten aufweist, besitzt zwei konvexe Kerne, die auch in Punkte ausarten können.

28. Ein offener elementarer Bogen, der an Singularitäten nur Doppelpunkte aufweist, besitzt zwei konvexe Hüllen, die auch in Geraden ausarten können.

Teil III

Louis Locher-Ernst

Ergänzungen

1 Kleine Übung an Eiformen

Die Eier verschiedener Vogelarten weisen nicht nur verschiedene Größen, sondern auch mannigfaltige Unterschiede in ihren Zeichnungen und Färbungen auf. In Hinsicht auf ihre Gestalt sind wir aber geneigt, von mehr oder weniger derselben Form, eben der Eiform zu sprechen. Es gibt wohl mehr rundliche oder mehr längliche Eier; auch in der Art, wie sie sich am schmaleren und am stumpferen Ende runden, unterscheiden sie sich. Trotzdem empfinden wir in erster Linie das Einheitliche der Gestalt. Die Eiform ist eine glatte, überall konvexe Fläche. Ob sie sogar als genaue konvexe Rotationsfläche gelten darf, ist für das Folgende nicht wesentlich.

Einer genaueren Betrachtung zeigt sich, dass auch sehr ähnlich erscheinende Eiformen weitgreifende Gestaltunterschiede in sich tragen können, wenn man sie in ihrem Verhalten zum Gesamtraum anschaut. Wir führen hierzu eine Art von «Makroskop» ein. In der folgenden kleinen Übung, die zu manchen weitergehenden Gedanken anregen kann, soll dies dargelegt werden.

Um das Verfahren zu erläutern, genügt es zunächst, ebene Schnitte, also Eilinien (Ovale) zu betrachten (Figur 1). Es handelt sich also um geschlossene, glatte Kurven ohne Doppelpunkte und ohne Einbuchtungen. Wegen der Übersichtlichkeit sind in den beigegebenen Figuren symmetrische Ovale

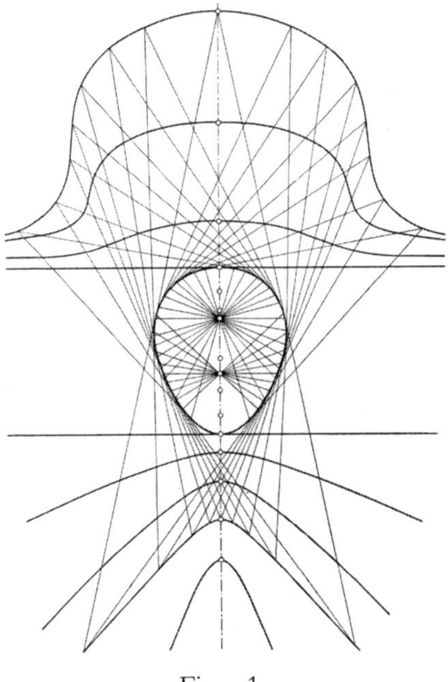

Figur 1

gezeichnet. Wir fassen einen beliebigen Punkt *P* im Innern eines solchen Ovals ins Auge. Durch *P* legen wir eine Gerade, von der uns hier nur die Sehne, das heißt das Geradenstück innerhalb des Ovals interessiert. In den beiden Sehnenendpunkten legen wir je die Tangente an das Oval. Die beiden Tangenten schneiden sich in einem Punkte *Q*, der außerhalb des Ovals liegt. Sind die beiden Tangenten parallel, so rückt *Q* ins Unendliche.

Zu jeder Sehne durch *P* gehört gemäß der erläuterten Konstruktion ein bestimmter Punkt *Q*. Lassen wir die Sehne sich um *P* drehen, so wird der Punkt *Q* eine Kurve *p* durchlaufen. In Figur 1 ist für zwei Lagen des Punktes *P* die Konstruktion einiger Kurvenpunkte *Q* eingezeichnet. Für weitere Innenpunkte sind nur die entsprechenden Kurven *p* angegeben. Figur 2 deutet die *p*-Kurven für zehn innere Punkte an.

Damit haben wir in naheliegender Weise zu jedem Innenpunkt *P* eine entsprechende Kurve *p* im Äußern gefunden. Diese Kurven können recht verschiedene Formen aufweisen. (Immerhin lassen sich einige allgemeine Eigenschaften angeben, was hier nicht weiter verfolgt werden soll; siehe dazu LOCHER-ERNST [1951 und] 1952). Es kann auch der Fall eintreten, dass sämtliche *p*-Kurven gerade Linien sind. Dieser einfachste Fall tritt dann (und nur dann) ein, wenn das Oval elliptisch ist.

Nimmt man am Oval eine Formänderung vor, so werden auch die *p*-Kurven verändert. Einige Versuche in dieser Richtung führen bald zu dem Sachverhalt, auf den es uns hier ankommt: Eine geringfügigste Änderung

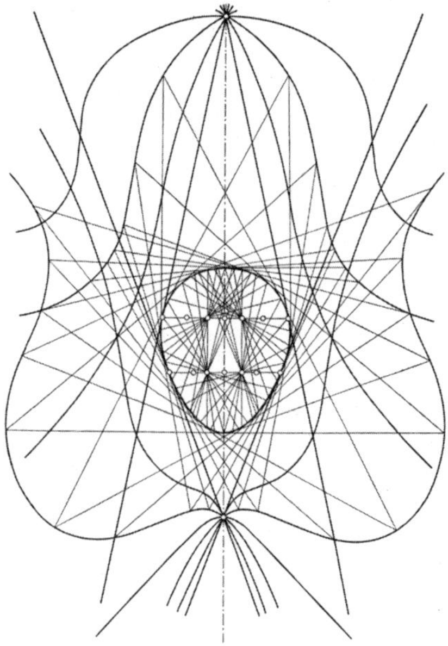

Figur 2

eines Bogenstückes des Ovals kann eine radikale Umwandlung der *p*-Kurven bewirken. Unsere Konstruktion gibt somit ein Prüfungsmittel, das eingangs als «Makroskop» bezeichnet wurde. Sie führt vom Oval als isolierter Form zum Einbetten dieser Form in den Gesamtraum.

Man verdeutliche sich, wie zum Beispiel eine kleine Formabwandlung mit einer Änderung der *p*-Kurven in «weiter Ferne» zusammenhängen kann. Zwei Ovale, die sich zunächst ziemlich gleichgestaltet darbieten, gehören unter Umständen zu sehr verschiedenen Konfigurationen *P*/*p*.

Von einem höheren Standpunkt aus betrachtet ist die Konfiguration *P*/*p* das Ursprüngliche, die Eilinie das Ergebnis.

Man vergegenwärtige sich noch, dass zu jedem Randpunkt, das heißt für einen Punkt *P* der Eilinie selbst, die entsprechende Kurve *p* die Tangente in *P* ist. Denn jeder Sehne durch *P* entspricht ein Punkt *Q* auf der Tangente in *P*.

Beim Zeichnen ist zu beachten, dass bei einem beliebig vorgelegten Oval die Tangenten im Allgemeinen natürlich nicht mathematisch exakt konstruierbar sind. Es wird vielmehr durch die Wahl der Tangente die Ovalform selbst beeinflusst werden.

Wir haben das «Makroskop» für Ovale erklärt. Die Konstruktion lässt sich, wie noch kurz angedeutet werden möge, auf Eiflächen verallgemeinern. Ist *P* ein Punkt im Innern, so lege man wieder eine Sehne durch *P* und in deren Endpunkten je die berührende Ebene. Die beiden Tangentialebenen schneiden sich in einer Geraden *q*. Legt man durch *P* eine Ebene und

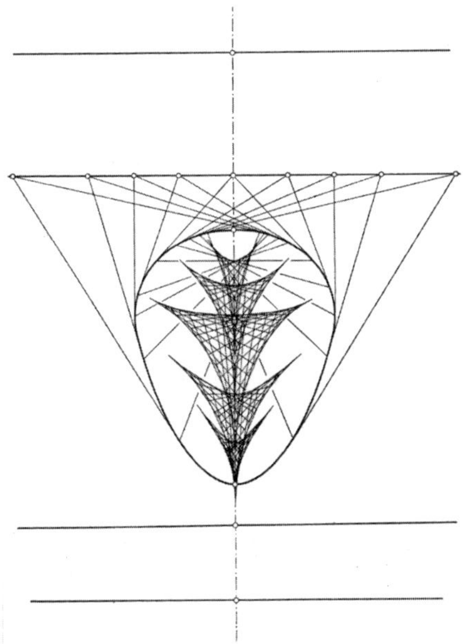

Figur 3

in dieser alle Sehnen durch *P,* und denkt sich die erläuterte Konstruktion für jede dieser Sehnen ausgeführt, so erhält man eine Schar von Geraden *q,* die im Allgemeinen eine Fläche bilden. Wenn die Eiform ein Ellipsoid ist, so sind alle solchen Flächen eben. –

Eigenartige, ganz unerwartete Gebilde ergeben sich durch die Konstruktion, die zur erläuterten polar verläuft. In Figur 3 ist sie angedeutet. Es sei wieder ein beliebiges Oval vorgelegt. Wir wählen eine beliebige Gerade *g,* die das Oval nicht trifft. Von einem Punkte *G* auf *g* legen wir die beiden Tangenten an das Oval und verbinden deren Berührungspunkte. Jedem Punkt *G* auf *g* ist auf diese Weise eine Sehne des Ovals zugeordnet. Durchläuft der Punkt *G* die gewählte Gerade *g,* so erhält man eine Schar von Sehnen, die im Allgemeinen eine Kurve *h* umhüllen, die Spitzen aufweist. Nur wenn das Oval elliptisch ist, ergibt sich für jede Gerade *g* ein Büschel von Sehnen, die alle durch einen bestimmten Punkt gehen. In diesem Sonderfall reduzieren sich alle Hüllkurven *h* somit je auf einen Punkt.

In Figur 3 sind die Hüllkurven *h* für fünf Geraden angedeutet. Die Zuordnung *g / h* erweist sich wieder als ein äußerst fein reagierender Anzeiger der Form. Die geringste Änderung der Eilinie kann mit weitgreifender Umwandlung in der Entsprechung *g / h* verbunden sein.

Die vorstehend beschriebene kleine Übung in ihren beiden zueinander polaren Aspekten kann dazu verhelfen, sich ein feines Gefühl für Formen anzueignen, womit ihr Zweck erfüllt ist.

2 Wendestellen, Spitzen und Schleifen

Bei der Behandlung der eigentlichen und der uneigentlichen Singularitäten ebener, glatter Kurven (Wendestellen, Dorn- und Schnabelspitzen bzw. mehrfache Punkte und mehrfache Tangenten) wird man selbstverständlich zunächst jede Singularität für sich allein untersuchen (siehe LOCHER-ERNST 1952). Didaktisch eindringlich vermittelt werden diese Dinge aber erst dadurch, dass man sie in ein Ganzes hineinfügt und die möglichen Übergänge betrachtet. Die drei folgenden Figuren mögen Beispiele hierfür liefern.

Wir gehen von einer Kurve aus, die an eigentlichen Singularitäten bloß Wendestellen 1, 2, 3, 4, … aufweist; zum Beispiel derart, dass wir den Umfang eines Kreises wellig machen, so dass man von Aus- und von Einbuchtungen sprechen kann. Man kann nun zwei benachbarte Wendestellen entweder gegen eine Einbuchtung (Figur 4) oder gegen eine Ausbuchtung (Figur 5) hin rücken lassen. (Die einzelnen Umformungen sind in den Figuren, nur um Platz zu sparen, nicht nebeneinander, sondern ineinander gezeichnet, wodurch eine nicht sachgemäße Verkleinerung nach innen erforderlich ist.)

In Figur 4 rücken 1 und 2, 3 und 4, usw., je gegen eine Einbuchtung. Im Grenzfall ergeben sich nach innen gerichtete Spitzen, die man in üb-

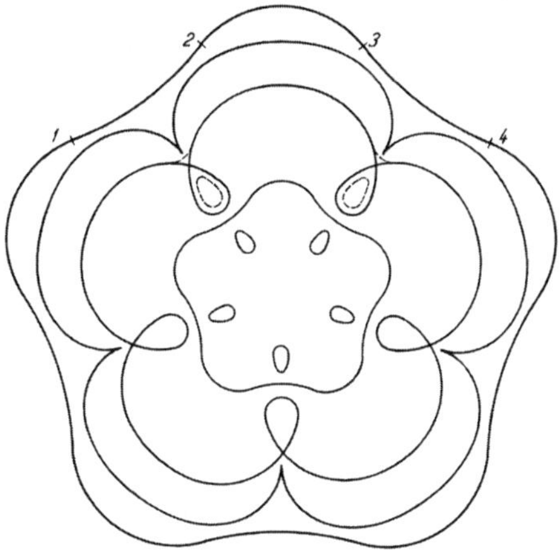

Figur 4

licher Weise in Schleifen überführen kann. Durch einen bekannten Prozess erfolgt die Ablösung der Schleifen in Form von Ovalen. Das Ergebnis ist dieselbe wellige Grundform wie zu Beginn, aber nun versehen mit Ovalen im Innern.

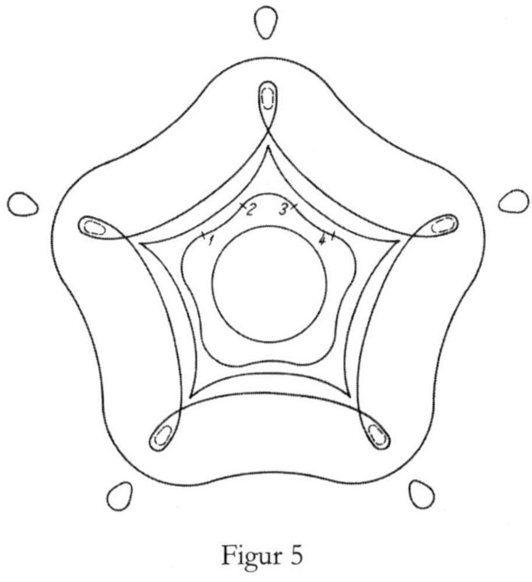

Figur 5

In Figur 5 (von innen her zu lesen) rücken 2 und 3 usw. je gegen eine Ausbuchtung. Weiter erhält man Dornspitzen nach außen, dann Schleifen, die zur Absonderung von Ovalen nach außen Anlass bieten. Das Ergebnis ist dieselbe wellige Grundform wie zu Beginn, aber mit Ovalen im Äußern.

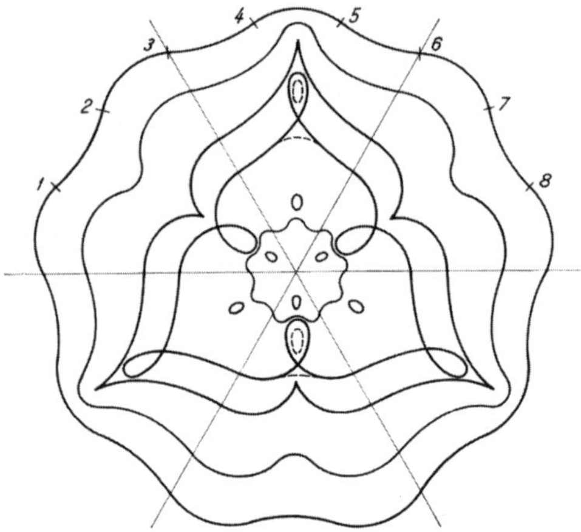

Figur 6

In Figur 6 betrachte man, von 1 ausgehend, je sechs aufeinanderfolgende Wendestellen. 1 und 2 rücken gegen eine Einbuchtung zusammen, die Wendestelle 3 bleibt, 4 und 5 rücken gegen eine Ausbuchtung, die nächste Wendestelle 6 bleibt als solche erhalten; usw. Es ergeben sich «fortschreitende Lemniskaten». Die Ablösung der Ovale erfolgt abwechselnd nach innen und nach außen.

Solche zusammenfassende Bilder vermitteln für wichtige Umformungen eine Vertrautheit, die sich auf anderen Wegen kaum so angenehm gewinnen lässt. Zu den verschiedenen Maßnahmen, die für eine durchgreifende Neugestaltung des mathematischen Unterrichts zu treffen sind, gehört auch das Einbeziehen einer lebendigen Kurvengeometrie.

3 Aufgaben und Lösungen

Aufgabe 106 (L. LOCHER-ERNST, Winterthur). Gegeben sind ein Strahlenbüschel mit dem Mittelpunkt M und ein von M verschiedener Punkt A in der Ebene des Strahlenbüschels. Man durchlaufe von A aus eine völlig stetige, in A endende Kurve, die mit jedem Strahl des Büschels genau einen Punkt gemeinsam hat. Wenn die Kurve keine Gerade ist, besitzt sie entweder mindestens drei Wendepunkte oder mindestens einen Wendepunkt und mindestens eine Spitze. (Eine Kurve heißt «völlig stetig», wenn sie sowohl bezüglich ihrer Punkte als auch ihrer als existierend vorausgesetzten Tangenten stetig ist. Sie braucht hingegen nicht algebraisch, auch nicht einmal analytisch zu sein.)

1. Lösung (J. EBERSOLD, Zürich): Geht die Tangente eines Punktes P der

Kurve durch M, so muss P ein Wendepunkt oder eine Spitze sein, was leicht aus der Voraussetzung folgt, dass jede Gerade des Büschels in M genau einen Punkt mit der Kurve gemeinsam hat.

Sei P_0 ein gewöhnlicher Punkt der Kurve; seine Tangente geht also nicht durch M. Wir betrachten die Variation des Schnittpunktes Q der Tangente in P mit der Geraden P_0M, wenn P die Kurve in einem bestimmten Sinne durchläuft. Lassen wir P eine Umgebung von P_0 durchlaufen, so erreicht Q den Punkt P_0 und verlässt ihn wieder mit umgekehrter Bewegungsrichtung (dabei benützen wir, dass P_0M nicht Tangente in P_0 ist). Lassen wir P die Kurve von P_0 aus bis zurück nach P_0 durchlaufen, so muss Q seine Bewegungsrichtung in einem Punkte Q_1 ändern, da Q von P_0 ausgeht und mit umgekehrter Bewegungsrichtung nach P_0 zurückkommt. Der dem Punkte Q_1 entsprechende Punkt P_1 der Kurve ist ein Wendepunkt. Es existiert also mindestens ein Wendepunkt P_1.

Wir betrachten jetzt die Variation des Schnittpunktes X der Tangente in P mit der Geraden P_1M, wenn P die Kurve in einem bestimmten Sinne durchläuft. Lassen wir P eine Umgebung von P_1 durchlaufen, so durchläuft X eine Umgebung von P_1 auf P_1M, ohne seine Bewegungsrichtung zu ändern (dies gilt auch im Falle, dass P_1M Tangente in P_1 ist). Lassen wir P die Kurve von P_1 aus bis zurück nach P_1 durchlaufen, so bestehen genau zwei Möglichkeiten: 1. Der Punkt X durchläuft ein oder mehrere Male die ganze Gerade P_1M, ohne seine Bewegungsrichtung zu ändern. Dann durchläuft X mindestens einmal den Punkt M. Die M entsprechenden Punkte der Kurve sind Spitzen, da X seine Bewegungsrichtung beim Durchlaufen von M beibehält. Es existiert also in diesem Falle mindestens eine Spitze. – 2. Der Punkt X ändert seine Bewegungsrichtung in einem Punkte X_2. Dann ändert X seine Bewegungsrichtung in mindestens einem weiteren Punkte X_3, da X beim Wiedereintreffen von P in P_1 die ursprüngliche Bewegungsrichtung haben muss. Die den Punkten X_2 und X_3 entsprechenden Punkte P_2 und P_3 der Kurve sind weitere Wendepunkte.

Damit haben wir gezeigt, dass die Kurve entweder mindestens einen Wendepunkt und mindestens eine Spitze oder mindestens drei Wendepunkte besitzt.

Erste Bemerkung: Im obigen Falle 2 ist die Anzahl der Umkehrstellen von X immer gerade, woraus folgt, dass die Anzahl der Wendepunkte der Kurve stets ungerade ist (sofern sie endlich ist).

Zweite Bemerkung: Wir haben beim Beweis vorausgesetzt, dass die Kurve keine Geradenstücke enthält. Lässt man diese Voraussetzung fallen, wobei aber die Kurve selbst keine Gerade sein darf (damit der oben betrachtete Punkt X überhaupt variiert), so kann der Fall eintreten, dass Geradenstücke die Rolle von Wendepunkten spielen und bei der Abzählung der Wendepunkte hinzugenommen werden müssen.

2. Lösung (G. BALASTÈR und G. UNGER, Zürich): *Vorbemerkung:* Die Aufgabe impliziert, eine projektive, duale und vom Begriff der Differenzierbarkeit unabhängige Definition der Singularitäten zu geben. Der vorliegende Beweis stützt sich auf eine Definition, die durch die Kurven der metrischen Differentialgeometrie sicher erfüllt ist und in naheliegender Weise projektiv (und dual) formuliert wird, wobei die bekannte projektive Invarianz der einfachen metrischen Singularitäten zugrunde gelegt wird. Er zeigt den Inhalt der Behauptung als Folge aus den Eigenschaften der Bewegungen, welche von den Tangenten einer einsinnig durchlaufenden Kurve auf irgendeiner Geraden induziert werden. Eine Ableitung des benützten Bewegungs- oder Kurvenbegriffs aus den Axiomen ist so wenig angestrebt wie ein Nachweis, dass völlig stetige Kurven, abgesehen von mehrfachen Punkten und Geraden, *nur* Singularitäten der nachfolgend beschriebenen Art hätten. – Aus den Voraussetzungen (1) der völligen Stetigkeit, (2) der Geschlossenheit und (3) der eindeutigen Projizierbarkeit aus M folgt unmittelbar: 1. Die Kurve geht nicht durch M (sonst könnte es wegen (3) keine andern Punkte auf den Strahlen durch M geben). 2. a) Die Kurve hat keine mehrfachen Punkte; b) gewöhnliche Tangenten *dürfen nicht,* c) Wendetangenten *können,* und 3. Spitzentangenten *müssen* durch M gehen. (Denn zu mehrfachen Punkten und zu gewöhnlichen Tangenten durch M gäbe es Nachbarstrahlen aus M mit mindestens zwei Schnittpunkten, und bei Spitzen desgleichen, wenn M nicht auf der Spitzentangente liegt.) 4. Schnabelspitzen kommen nicht vor.

Projektive Charakterisierung von Wendepunkt und Spitze. Metrisch ist die Wendetangente (mit Wendepunkt im Endlichen) durch Umkehr der *Drehrichtung* charakterisiert; also durch einen Umkehrpunkt der Bewegung des unendlichfernen Punktes der Tangenten. Projektiv kann aber jede Gerade unendlichfern sein. Also: die *Wendetangente* trifft *jede Gerade,* die nicht durch den Wendepunkt geht, in einem *Umkehrpunkt* der Bewegung des Tangentenschnittpunktes und bedingt auf den durch den Wendepunkt gehenden Geraden, einschließlich Wendetangente, eine Bewegung ohne Umkehrpunkt (I). Diese Bemerkung führt von selbst zur Charakterisierung von gewöhnlichem Punkt und Tangente sowie – dual zum Wendepunkt – der Spitze. Für einen *gewöhnlichen Punkt* hat die Bewegung des Tangentenschnittpunktes auf einer beliebigen (zum Beispiel der unendlichfernen) Geraden g keinen Umkehrpunkt, wenn die Gerade g nicht durch den Kurvenpunkt P geht, oder die Tangente p von P ist. Geht g durch P (ohne mit p zusammenzufallen), so ist P Umkehrpunkt (II). Und dual: die Bewegung des projizierenden Büschels aus einem beliebigen Punkt G hat keine Umkehrstelle, wenn G nicht auf der Tangente p liegt, oder der Berührpunkt P von p ist. Liegt G auf p, so ist p Umkehrstrahl. Für später halten wir fest: eine Tangente a und eine durch den Berührpunkt A gehende Gerade q *trennen* – in genügend kleiner Umgebung von A – die Kurvenpunkte «vor und nach» A (III).

Und: Aus einem Wendepunkt werden seine Nachbarpunkte durch ein Strahlenbüschel mit der Wendetangente als Umkehrstrahl projiziert. – Die

Spitze ist Umkehrstelle für die Bewegung in jedem projizierenden Büschel, dessen Scheitel nicht auf der Spitzentangente liegt, und keine Umkehrstelle für Büschel aus Punkten der Spitzentangente (IV).

Die zu sich selbst duale *Schnabelspitze* bedingt Umkehrstellen sowohl bei der durch Punkt- wie Tangentenbewegung in Strahlenbüschel bzw. Punktreihe induzierten Bewegung (sofern die Träger nicht mit der Schnabelspitze bzw. ihrer Tangente inzidieren).

Sieht man von den mehrfachen Punkten und Tangenten und von eventuellen Häufungsstellen der behandelten Singularitäten ab, so sind also die vier möglichen Arten von Stellen charakterisiert durch die vier Kombinationen des Auftretens (1) oder Nichtauftretens (0) von Umkehrstellen bei den Bewegungen, die induziert sind auf nicht mit den singulären Elementen inzidenten Grundgebilden erster Stufe. Dies geht nach dem Schema $P(0, 0)$; $W(1, 0)$; $Sp(0, 1)$; $Schn\text{-}Sp(1, 1)$, wo die erste Ziffer sich auf die durch den Tangentenschnittpunkt in Punktreihen induzierte Bewegung und die zweite sich auf die dazu duale in Büscheln bezieht.

Beweis: Es sei A der Anfangspunkt. Er darf ohne Beschränkung der Allgemeinheit als gewöhnlicher Punkt (mit der Tangente a) angenommen werden. Der Punkt M sei der Scheitel des eindeutig projizierenden Büschels. Wir betrachten die Bewegung des Schnittpunktes S der Tangente mit der Geraden $q = MA$; die Bewegung hat eine Umkehrstelle in A (II). Nun besitzt jede geschlossene Bewegung eine gerade Anzahl (einschließlich 0) von Umkehrstellen. Es sei U eine zweite außer A. Wir unterscheiden die Fälle, ob M von S erreicht wird oder nicht. a) Wenn ja, dann gehen Wende- oder Spitzentangenten durch M; und zwar, wenn M kein Umkehrpunkt ist, eine Spitzentangente (IV); und es liegt der zweite Teil der Behauptung vor; U entspricht (I) eine Wendetangente. Oder, wenn M der Umkehrpunkt ist, lässt sich der Fall mit dem folgenden b) zusammenfassen: A ist die erste, U (wobei allenfalls $U = M$) die zweite Umkehrstelle, welcher der Wendepunkt W entspricht. Es gibt dann noch mindestens zwei weitere Umkehrstellen – woraus der Rest der Behauptung folgt: ihnen entsprechen noch zwei Wendepunkte. – Angenommen, es gibt außer W keinen weiteren Wendepunkt (*), also außer A und U keine weitere Umkehrstelle der Bewegung von S auf q. Durch jeden Punkt S gehen mindestens zwei Tangenten mit den Berührpunkten T_1 und T_2 «vor und nach» A; denn A ist Umkehrstelle. Diese sind durch a und q getrennt (III) und werden aus A durch zwei gegensinnige Büschel projiziert. Die Punkte T_1 und T_2 sind (mit Ausnahme von W) lauter gewöhnliche Punkte, weshalb die Bewegungen in den Strahlenbüscheln AT_1 und AT_2 keine Umkehrstellen haben können (und sich also «von a entfernen»). Bewegt sich nun S von A nach U, so durchläuft unter der Beweisannahme (*) das Paar T_1, T_2 die *ganze Kurve.* (Sonst würden dem Punkt U mehrere Wendepunkte entsprechen.) Damit ist der Widerspruch zur Annahme (*) erreicht: Einerseits laufen T_1 und T_2 stets getrennt durch a und q in verschiedenen Winkelgebieten, andererseits sollen sie die ganze Kurve durchlaufen. – Es gibt also außer A und U noch (eine gerade Anzahl von) Umkehrstellen, womit alles bewiesen ist.

Man veranschaulicht sich die Verhältnisse zweckmäßig, wenn man q auf die unendlichferne Gerade legt. Dann ist a Asymptote mit dem unendlichfernen Punkt A. Die Tangenten aus S sind parallel und die gegensinnigen Büschel AT_1 und AT_2 sind zwei nach entgegengesetzten Seiten sich von der Asymptote ablösende Parallelenscharen.

Eine weitere Lösung unter wesentlicher Benutzung von analytischen Hilfsmitteln sandte R. LAUFFER (Graz). Die von G. BALASTÈR und G. UNGER benützten Sachverhalte über die auftretenden Bewegungen werden auf Grundlage eines einfachen Axiomensystems bewiesen in dem soeben erschienenen Buche (LOCHER-ERNST 1952). Die Lösung der in Rede gestellten Aufgabe sowie ähnlicher Sätze ergibt sich fast unmittelbar aus allgemeinen, den (reellen) Kurvenverlauf regelnden Gesetzen.

Aufgabe 107 (L. LOCHER-ERNST, Winterthur). Ein völlig stetiger Bogen (siehe Aufgabe 106) ohne Singularitäten (Wendepunkte, Spitzen, Doppelpunkte, Doppeltangenten, Ecken, Strecken) werde unter Vermeidung jeder Singularität über seine beiden Enden hinaus unbegrenzt fortgesetzt; dann existieren eine konvexe Hülle und ein konvexer Kern, denen sich der Bogen anschmiegt. Hierbei kann der Kern wie auch die Hülle ein konvexes Vieleck sein; Ersterer kann insbesondere in einen Punkt, Letztere in eine Gerade ausarten.

Lösung (G. BALASTÈR, Zürich): Der einfache Bogen ist durch zwei zueinander duale Eigenschaften charakterisiert: Seine Punkte werden aus jedem fest gewählten Punkt des Bogens umkehrbar eindeutig durch ein stetiges Strahlenbüschel projiziert, seine Tangenten von jeder festen Tangente des Bogens umkehrbar eindeutig in einer stetigen Punktreihe geschnitten. Beim Durchlaufen des Bogens werden also in Büschel und Punktreihe Bewegungen ohne Umkehrstellen induziert. Für einen «äußeren» Punkt hat die induzierte Bewegung mindestens eine Umkehrstelle, ebenso für eine «innere» Gerade. Dadurch sind innen und außen definiert.

Der Fortsetzung eines einfachen Bogens sind bei Aufrechterhaltung seiner charakteristischen Eigenschaften Schranken gesetzt. Die Eindeutigkeit geht verloren, sobald das Anfangselement (Punkt und Tangente) mit dem laufenden Element der Kurve irgendwie zur Inzidenz gelangt, es sei denn, dass die Kurve ganz in sich zurückkehrt, in welchem Fall nichts zu beweisen ist. Andernfalls sind zunächst 5 verschiedene Inzidenzen möglich, von welchen aber die Voraussetzungen der Aufgabe nur folgende beide zueinander duale übrig lassen: Entweder kreuzt der Kurvenpunkt die Anfangstangente, ohne dass seine Tangente durch den Anfangspunkt hindurchgeht, oder es läuft die Kurventangente durch den Anfangspunkt, bevor ihr Punkt die Anfangstangente erreicht.

Der erste Fall markiert eine *Stelle der Auswickelung*. Durch alle folgenden

Kurvenpunkte läuft eine schließende Kurventangente, *welche bei der Fortsetzung stetig aus der Anfangstangente des ursprünglichen Bogens hervorgeht.* Sie begrenzt auf der Kurve in jeder Lage einen abschließenden einfachen Bogen und umrandet gemeinsam mit diesem einen konvexen Punktbereich, der alle früheren Kurvenpunkte enthält und als das «Innere» der durchlaufenen Kurve bezeichnet werden soll. Jede Gerade, welche einen dieser Punktbereiche schneidet, schneidet auch alle folgenden in zwei Randpunkten, und es werden auf der Geraden bei unbegrenzter Fortsetzung der Kurve zwei getrennte, unendliche Folgen von solchen Randpunkten markiert. Diese haben entweder zwei verschiedene oder einen gemeinsamen Häufungspunkt. Gilt auf jeder Geraden der betrachteten Art der erste Fall, so bildet die Gesamtheit der Häufungspunkte die behauptete konvexe Hülle. Denn sie sind Rand eines Punktbereiches, der auf jeder inneren Geraden zwei Randpunkte hat. Gilt auf einer der Geraden der zweite Fall, so ist zu beachten, dass die Kurventangenten auf dieser Geraden Segmente überstreichen, welche sich auf den Häufungspunkt zusammenziehen, und die Tangenten konvergieren nach einem Geradenbüschel. Die Hülle entartet in zwei sich schneidende Geraden. Existieren zwei verschiedene Paare zusammenfallender Häufungspunkte, so sind zugleich alle übrigen Paare zusammenfallend, und die Hülle ist eine Gerade.

Der zweite Fall geht aus dem ersten dadurch hervor, dass Anfangs- und Endelement der Kurve miteinander vertauscht werden, das heißt, es wird die Fortsetzung des einfachen Bogens am andern Ende ausgeführt. Zugleich ist er zum vorherigen dual. Dasselbe gilt für Behauptung und Beweis. Die Auswicklungsstelle an einem Ende des Bogens bedeutet für das andere eine *Stelle der Einwickelung.*

Aufgabe 108 (L. LOCHER-ERNST, Winterthur). Wie Aufgabe 106, mit dem Unterschied, dass mehrfache Punkte, aber keine anderen Singularitäten, zugelassen werden. Der unbegrenzt fortzusetzende Bogen besitzt dann nur Doppelpunkte und notwendig zwei konvexe Hüllen, die keine gemeinsame Tangente und höchstens vier gemeinsame Punkte besitzen.

Lösung (G. BALASTÈR, Zürich): In die Fortsetzung des einfachen Bogens tritt gegenüber früher (Lösung zu Nr. 107) als neue Möglichkeit der mehrfache Punkt. Die mehrfache Tangente bleibt dagegen ausgeschlossen. Daher ergibt sich innerhalb eines auswickelnden Kurvenzweiges überhaupt nichts Neues, indem hier Doppeltangenten *vor* Doppelpunkten entstehen müssen. Ein einwickelndes Ende verhält sich wie die Aufgabe 107 bis zu seinem ersten Doppelpunkt. Macht man jetzt diesen zum Ausgangspunkt der Analyse und betrachtet die von den beiden zusammenfallenden Punkten begrenzte Schleife, so gibt die Fortsetzung beiderseits *aus*wickelnde Kurvenzweige, wobei die Schleife für jeden der Zweige die Rolle des anfänglichen konvexen Punktbereiches im Sinne der vorigen Aufgabe spielt. Beide Fortsetzungen enthalten also in sich selbst keine mehrfachen Punkte, und solche entstehen nur durch gegenseitigen Schnitt beider Zweige. Sie sind also notwendig Doppelpunkte.

Es ist noch dafür zu sorgen, dass keine Doppeltangenten zwischen den Zweigen möglich sind. Beachtet man die einfachen Bögen *a* und *b*, welche ausgehend vom Doppelpunkt je bis zum Schnittpunkt mit der andern Doppelpunktstangente laufen, und denkt sie durch ihre Sehnen zu konvexen Punktgebieten *A* und *B* geschlossen, so liegen beide Gebiete im gleichen Segment der durch die Doppelpunktstangenten bestimmten Gliederung der Ebene, während die Schleife im anderen der beiden Segmente liegt. Es ist nun ausgeschlossen, dass *A* und *B* durch eine Transversale ihres Segmentes voneinander geschieden werden können, weil sofort eine Doppeltangente veranlasst würde. Jede Gerade trifft also mindestens eines der Gebiete, insbesondere auch die unendlichferne Gerade und mindestens einer der Bögen *a, b* enthält einen unendlichfernen Punkt. Die Punktgebiete *A* und *B* haben ein gemeinsames Punktgebiet *AB* in Form eines konvexen Zweiecks, welches zum Inneren beider sich auswickelnder Kurvenzweige gehört, ebenso wie die Doppelpunktsschleife *D*, aber von dieser getrennt im anderen der vorigen Segmente liegt. Auf jeder Geraden durch *AB* und *D* überstreichen die Tangenten beider Zweige durch *AB* und *D* voneinander getrennte Folgen von Segmenten, und es laufen die Tangenten eines Zweiges alle durch das Punktgebiet *A* bzw. *B* des andern, insbesondere die Asymptoten.

Nach Aufgabe 107 besitzt jeder Zweig eine konvexe Hülle. Der Durchschnitt ihrer Innengebiete zerfällt in zwei punktfremde, die Gebiete *AB* bzw. *D* enthaltende konvexe Zweiecke, wodurch vier Schnittpunkte nachgewiesen sind, es sei denn, dass Hüllen ausgeartet sind. Doppeltangenten aber sind durch die Konstruktion schon ausgeschlossen.

Für den Entwurf der Figur ist noch zu beachten, dass in auswickelnden Zweigen frühere Tangenten durch spätere Kurvenstücke geschnitten werden, aber keine spätere Tangente durch frühere Punkte geht. Dieses ist besonders auf der unendlichfernen Geraden nützlich. Der Anschauung zugänglicher ist die dual transformierte Aufgabe.

Vorstehende Lösungen haben eine anschauliche Begründung aus überschaubaren Elementen, keine rein begriffliche Deduktion der Behauptungen angestrebt. Diese impliziert eine ausdrückliche Definition der regulären Kurvenstelle und damit zusammenhängend der völligen Stetigkeit. Hierüber liegen eingehende Untersuchungen von G. UNGER 1953 a und 1953 b vor.

Eine nicht ganz vollständige Lösung beider vorstehender Aufgaben mit analytischen Hilfsmitteln sandte R. LAUFFER (Graz). Eine Zeichnung zu Aufgabe 108 findet sich in LOCHER-ERNST 1952, Figur 160.

Teil IV

Georg Unger

Maximalstetige und dualstetige Kurven

1 Maximalstetige Kurven: Eine neue Charakterisierung der KNESER-JUEL'schen Bögen

Die reellen nichtanalytischen Kurven wurden zunächst von A. KNESER 1889 im Anschluss an eine Begriffsbildung VON STAUDTS 1847 (§ 15, Nr. 197, S. 110) untersucht. C. JUEL 1914 stützt sich auf den Begriff des konvexen Bogens, von dem J. HJELMSLEV 1907 und 1917 gezeigt hat, dass er zur Beschreibung der Gestaltverhältnisse reeller Kurven geeignet ist. Kürzlich hat L. LOCHER-ERNST 1952 eine Darstellung auf neuer Grundlage gegeben. Der Kurvenbegriff in diesem Gebiet der Geometrie entspricht der anschaulichen Vorstellung einer frei aufs Papier gezeichneten Linie, also der «Grundvorstellung, dass eine ebene Kurve durch stetige Bewegung eines Punktes in einer Geraden und gleichzeitige Drehung der Geraden um den Punkt erzeugt wird, wobei sich die Richtung der Bewegung und der Sinn der Drehung nur in einzelnen, singulären Lagen der erzeugenden Elemente ändern» (KNESER 1889).

Es ist nun möglich – und soll hier ausgeführt werden –, den Begriff des nirgends singulären Bogens (KNESER), des Elementarbogens (JUEL) oder des einfachen Elementarbogens (LOCHER-ERNST) allein durch eine *selbstdual gefasste Verschärfung der Stetigkeit* zu gewinnen, und zwar erweist sich das Kriterium als notwendig und hinreichend. Während der Begriff der Kurve mit überall eindeutiger und stetiger Tangente (völlig stetige Kurve, JUEL 1914, § 3) noch zu weit ist und durch ein weiteres Kriterium (Konvexität oder die sogenannten VON STAUDT'schen Sätze) eingeschränkt werden muss, zeigt es sich, dass die «Tangente im scharfen Sinn» nach BUSEMANN/ FELLER 1934 und PAUC 1941 unter Hinzunahme ihres Gegenstückes das gewünschte Kriterium ergibt, das wir maximale Stetigkeit nennen. (Anmerkung bei der Korrektur: Die bei völlig stetigen Kurven im Sinne von JUEL 1914 möglichen Stellen werden in UNGER 1953b untersucht [siehe die nachfolgende Arbeit, Seite 139 ff.].)

1.1 Innere Stetigkeit und Ordnung (auf der Kurve)

Es sei eine linear geordnete stetige Menge K von Linienelementen Pp der projektiven Ebene gegeben. Es gelten in K die Zwischenrelationen und das Schnittaxiom. Es gibt Intervallschachtelungen.

1.2 Äußere Stetigkeit

Die Stetigkeit von K überträgt sich durch Schein und Schnitt auf die projizierenden Büschel A (Aufpunkte) und die schneidenden Geraden a (Testgeraden) der projektiven Ebene. Sei insbesondere $Q_i\,q_i$ eine nach Pp konvergierende Folge von Linienelementen aus K, so konvergiert die aus dem (festen)

Aufpunkt A gebildete Folge von Projektionsstrahlen (AQ_i) nach (AP) und die auf der (festen) Testgeraden a gebildete Folge von Schnittpunkten (aq_i) nach (ap).

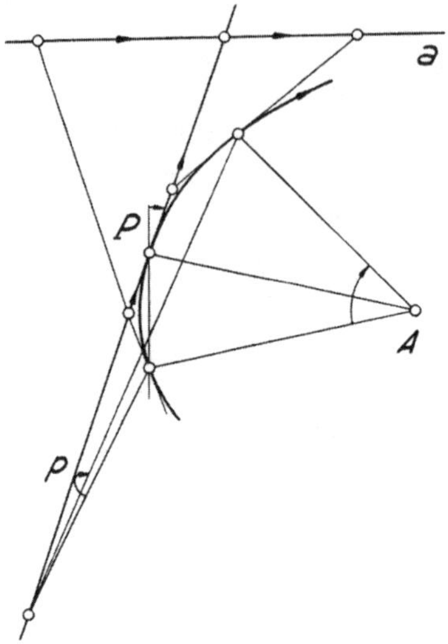

Figur 1

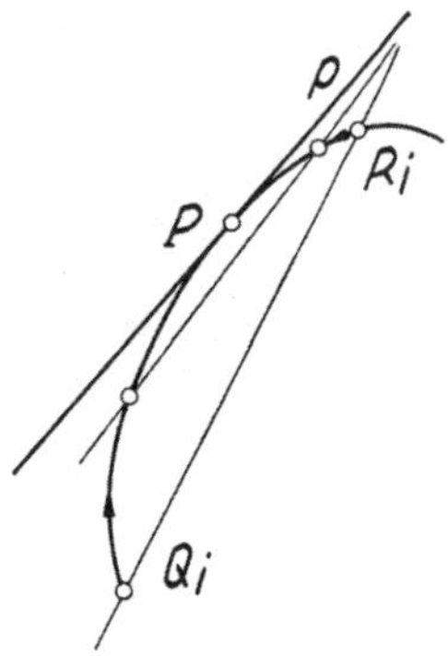

Figur 2

1.3 Dualstetige Kurven (Juel: völlig stetige Kurven)

Die Linienelemente von K seien außerdem *verbunden,* das heißt, eine Sekante durch P hat p und ein Tangentenschnittpunkt auf p hat P zur Grenzlage, wenn der Nachbarpunkt oder die Nachbartangente nach P oder p rücken:

$$\text{aus } Q_iq_i \to Pp \text{ folgt } (PQ_i) \to p \text{ und } (pq_i) \to P.$$

1.4 von Staudt'sche Sätze, Regularität (äußere Ordnung)

Wenn sich durch Schein und Schnitt außer der Stetigkeit auch die innere Ordnung auf die projizierenden Büschel und schneidenden Punktreihen überträgt, soll die Kurve *regulär* heißen. Dies wird durch die sogenannten von Staudt'schen Sätze (Spezialfall eines auch die Singularitäten enthaltenden Satzes der Geometrie der Lage: Kneser 1889, von Staudt 1847, Nr. 197) formuliert:

Das Element Pp einer dualstetigen Kurve K ist regulär, wenn der Projektionsstrahl aus A dann und nur dann die Vor- und Nachpunkte von P nicht trennt, wenn A auf p liegt, ohne mit P identisch zu sein, und wenn – dual dazu – der Schnittpunkt der Tangente mit a dann und nur dann die Vor-

und Nachtangenten von p nicht trennt, wenn a durch P geht, ohne mit p identisch zu sein (Figur 1).

1.5 Maximale Stetigkeit

Eine dualstetige Kurve nach Abschnitt 3 heiße *maximalstetig,* wenn die Grenzlage irgendeiner Sekante mit zusammenrückenden Schnittpunkten die Tangente und wenn – dual dazu – die Grenzlage irgendeines Tangentenschnittpunktes mit zusammenrückenden Tangenten der Berührungspunkt ist (Figur 2):

$$\text{aus } Q_i,\ R_i \to P \text{ folgt } (Q_i R_i) \to p, \text{ und aus } q_i,\ r_i \to p \text{ folgt } (q_i\, r_i) \to P.$$

1.6 Formulierung der Behauptung und Beweisgang

Eine maximalstetige Kurve ist regulär und umgekehrt. Zunächst wird der erste Teil der Behauptung gezeigt, dann wird ein gewisses dyadisches Kontinuum K' von Linienelementen eingeführt und von diesem gezeigt, dass reguläre Bögen sich als Kontinua K' darstellen lassen – was zugleich die allgemeine Parametrisierung und die Konstruktion der fraglichen Bögen ergibt – und dass es maximalstetig ist (Figur 3).

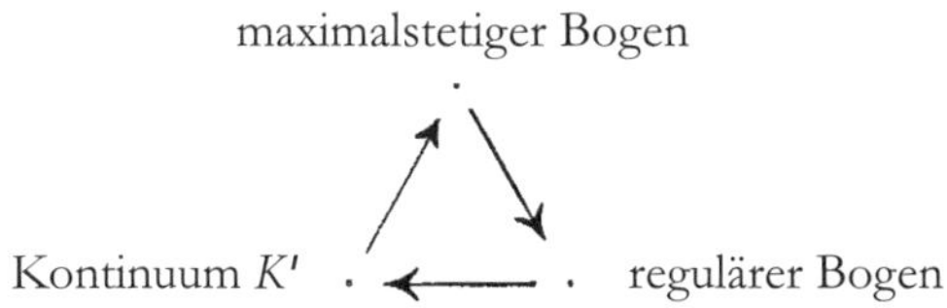

Figur 3

1.7 Kurven und Bögen

Es empfiehlt sich, zunächst solche Teile von regulären oder maximalstetigen Kurven zu betrachten, bei denen keine mehrfachen Punkte oder Tangenten und auch keine Tangenten durch andere Kurvenpunkte als ihren Berührungspunkt auftreten. Dass in hinlänglich kleiner Umgebung eines Elementes stets ein solcher elementarer Bogen abgegrenzt werden kann, ergibt sich unten.

1.8 Die maximalstetige Kurve ist regulär

a) Der Projektionsstrahl (Figur 4) AP trennt die Vor- und Nachpunkte von P. Im gegenteiligen Fall gäbe es, etwa auf der Nachseite, in jeder Umgebung von P einen Vorpunkt, aus welchem die Folge Q_i ausgewählt sei. Nun überschreitet aber in genügend kleiner Umgebung die stetige Kurve *K* auf der Nachseite die Strahlen (AQ_i), so dass man aus den Schnittpunkten R_i eine Folge von Punktepaaren Q_i, R_i bilden kann, welche nach *P* strebt, ohne dass die Verbindungsgeraden (Q_iR_i) nach *p* konvergieren (sondern nach (AP)), im Widerspruch zur maximalen Stetigkeit.

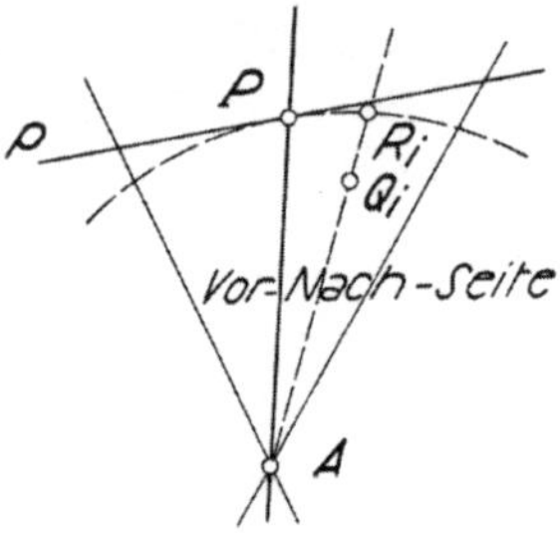

Figur 4

b) Die maximalstetige Kurve überschreitet nicht in jeder Umgebung von *P* die Tangente *p*. Andernfalls ließe sich aus einem Punkt *A* auf *p* in hinlänglicher Entfernung eine nach *p* strebende Folge von Tangenten q_i an *K* bilden, deren Schnittpunkt *A* jedoch nicht nach *P* strebt, wiederum im Gegensatz zur maximalen Stetigkeit. Es gibt nämlich unter der Beweisannahme aufeinanderfolgende Schnittpunkte, da eine dichte Menge von Schnittpunkten zur Folge hätte, dass die Kurve mit der Tangente identisch wäre. Unter den die Kurvenpunkte aus *A* projizierenden Strahlen gibt es wegen der aus der Stetigkeit erfließenden Beschränktheit der Bögen letzte Strahlen, welche nach der Voraussetzung der maximalen Stetigkeit Tangenten sind. Diese schneiden sich in *A*, und *A* ist fest $\neq P$ (Figur 5 a).

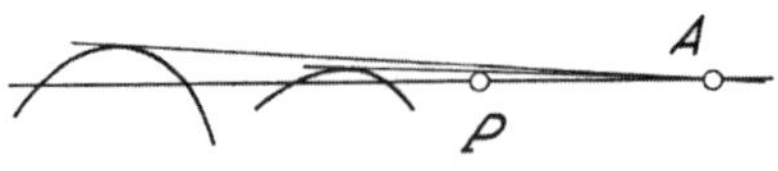

Figur 5 a

c) Die maximalstetige Kurve durchsetzt auch nicht die Tangente *p* in *P*. Andernfalls gäbe es in einer Umgebung von *Pp* Vor- und Nachpunkte *Q* und *R* auf verschiedenen Seiten von *p;* diese sind nach a) auch durch eine von *p* verschiedene Gerade *g* des Büschels *P* getrennt (Figur 5 b) und werden also aus *P* durch dasselbe Büschelsegment bezüglich *p, g* projiziert. In geeigneter Umgebung liegen deshalb auf einem Strahl $s_i \rightarrow p$ dieses Büschels Q_i und R_i. Ist nun *l* eine nicht durch *P* gehende Gerade mit $A = (lp)$ und $A_i = (s_il)$, so gibt es, analog wie bei b), von A_i aus zwei Tangenten q_i, r_i an die Bögen Q_iP, PR_i. Mit Q_i, $R_i \rightarrow P$ konvergiert A_i nach $A \neq P$, gegen die maximale Stetigkeit.

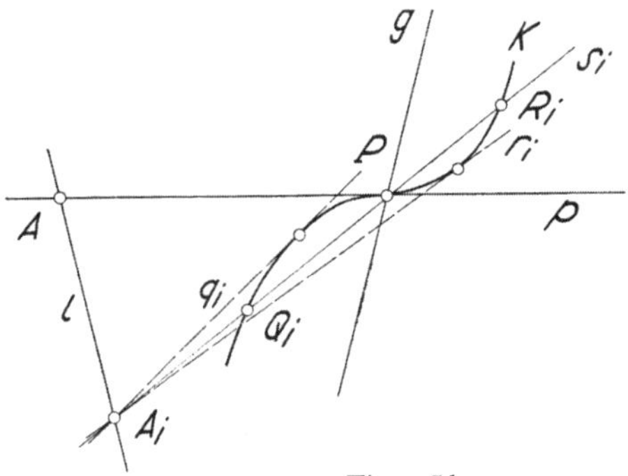

Figur 5b

Dies macht zusammen mit der analog zu zeigenden dualen Tatsache gerade den Inhalt der VON STAUDT'schen Sätze aus. – Aus b) und c) folgt noch die oben erwähnte Einfachheit der maximalstetigen Kurve in genügender Nähe des betrachteten Elementes. Damit ist auch in der Umgebung eines Elementes einer maximalstetigen Kurve die Voraussetzung für den Glättungssatz von LOCHER-ERNST 1952 (Satz 10) erfüllt, und man kann um jedes Element einen «einfachen Bogen» (LOCHER-ERNST 1952, Abschnitt 2) abgrenzen.

1.9 Parametrisierung und Konstruktion des einfachen regulären Bogens

Es sei ein einfacher regulärer Bogen K mit Anfangs- und Endelementen Aa und Bb gegeben. Das Element $Z_1 z_1$ sei ein auf K zwischen Aa und Bb befindliches Element. Es sei weiterhin $S_1 = (ab)$ und $s_1 = (AB)$ (Figur 6). Dann liegen nach Voraussetzung die Strahlen $(AZ_1) = s_{01}$ und $(BZ_1) = s_{11}$ «zwischen» a und s_1 bzw. b und s_1 im Sinn der durch den Bogen induzierten Bewegung und ebenso die Schnittpunkte $(az_1) = S_{01}$, $(bz_1) = S_{11}$ zwischen A und S_1 bzw. B und S_1. Dadurch ist einer der vier dreieckigen Punktbereiche, in die die projektive Ebene zerfällt, als innerer ausgezeichnet: G_1 bestehend aus den Schnittpunkten innerer Strahlen der Büschel (as_1) und (bs_1); und ebenso kann man – dual dazu – die Gesamtheit der Strahlen, welche die inneren Segmente (AS_1) und (S_1B) schneiden, als inneren Strahlenbereich g_1 auszeichnen. (Figur 6 siehe nächste Seite.)

Es ist hier zweckmäßig, die Punkte von G_1 und die Strahlen von g_1 als Elemente eines Bereiches $G_1 g_1$ von Linienelementen (Doppelbereich) zusammenzufassen. Es ist klar, was im Folgenden die Wendung besagt: eine Folge von Doppelbereichen konvergiert gegen ein Linienelement Pp (es sollen die Punktgebiete und Strahlengebiete sich je für sich zusammenziehen, wobei jeder Punkt eines Gebietes mit mindestens einem Strahl des entsprechenden Strahlenbereichs und umgekehrt inzidieren soll). Dabei können die

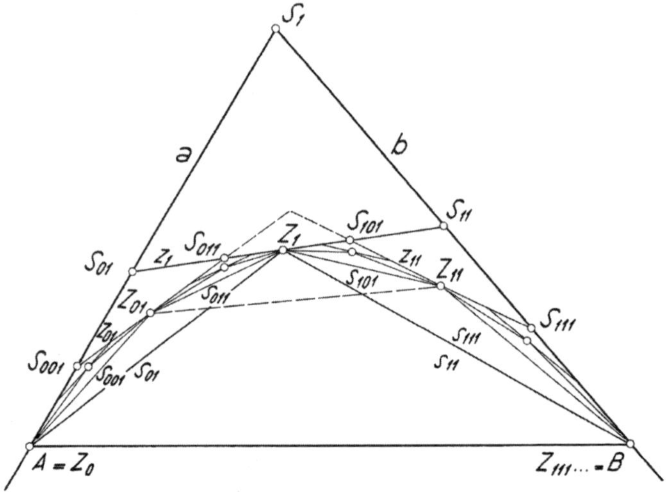

Figur 6

Doppelbereiche geschachtelt sein (wenn wiederum Punkt- und Strahlenbereiche je für sich in gegenseitiger Inzidenz und geschachtelt sind). – Die «schwachen Figuren» von HJELMSLEV 1943 können als Beispiele dienen.

Die Dreiecke $AS_{01}Z_1$ und $Z_1S_{11}B$ bilden zwei in G_1g_1 liegende Doppelbereiche $G_{01}g_{01}$, $G_{11}g_{11}$ mit dem einzigen gemeinsamen Element Z_1z_1. Wählt man nun in $G_{01}g_{01}$ zwischen Aa und Z_1z_1 das Element $Z_{01}z_{01}$ und in $G_{11}g_{11}$ das Element $Z_{11}z_{11}$, so entstehen vier weitere Doppelbereiche, deren Bezeichnung in ersichtlicher Weise nach Art der Ziffernfolge dyadischer Brüche gewählt ist (zum Beispiel $Z_1 = Z_{10} = Z_{100} = \ldots$, $A = Z_0 = Z_{00} = Z_{000} = \ldots$, und entsprechend für die G, g, S, s):

$$G_{001}g_{001} : AS_{001}Z_{01},\ as_{001}z_{01},$$
$$G_{011}g_{011} : Z_{01}S_{011}Z_{11},\ z_{01}s_{011}z_1,$$
$$G_{101}g_{101} : Z_1S_{101}Z_{11},\ z_1S_{101}Z_{11},$$
$$G_{111}g_{111} : Z_{11}S_{111}B,\ z_{11}s_{111}b.$$

Man sieht, wie sich dieses Verfahren fortsetzen lässt: man wählt in jedem Doppelbereich Gg ein neues Zwischenelement Zz (das heißt in allen Doppelbereichen derselben Stufe simultan) und bezeichnet es durch dieselbe Indexfolge, deren Länge die Iterationsstufe angibt. Den Indexfolgen entsprechen abbrechende dyadische Brüche 0, *ikl* … . So kann durch unbegrenztes Fortsetzen der Wahlakte eine auf der Kurve überall dichte Menge von Elementen gewählt werden. Dann lassen sich durch alle endlichen *und* unendlichen Indexfolgen, das heißt durch alle reellen Zahlen von [0,1] in dyadischer Schreibweise alle Elemente der Kurve umkehrbar eindeutig und ordnungstreu darstellen. Denn eine nichtabbrechende Indexfolge bedeutet eine konvergierende Schachtelung von Doppelgebieten. Damit ist der Bogen stetig und eineindeutig auf das Intervall zwischen 0 und 1 abgebildet und also parametrisiert. Es ist ebenso klar, dass dasselbe Verfahren durch *freie* Wahlakte, zunächst von $Z_1 z_1$ in $G_1 g_1$, dann von $Z_{01} z_{01}$ und $Z_{11} z_{11}$ in den neuentstandenen $G_{01} g_{01}$ und $G_{11} g_{11}$ und so weiter wiederum zu einem dyadischen Kontinuum K' führt und dass dies einen einfachen regulären Bogen liefert (wenn die einzige Einschränkung beachtet wird, dass die Elemente, zum Beispiel beurteilt durch die Projektionsstrahlen aus A und B, und die Schnittpunkte auf a und b *dicht* zu liegen kommen). – Es ist nicht nötig, dies im Einzelnen zu verfolgen, da wir zeigen, dass das Kontinuum K' maximalstetig und *a fortiori* regulär ist.

1.10 Das dyadische Kontinuum K' ist maximalstetig

Es ist zu zeigen, dass mit irgend zwei Folgen von Punkten $Q_i R_i$ von K', welche nach P streben, die Folge ihrer Verbindungsgeraden nach p strebt (durch die Verwendung der selbstdualen Doppelbereiche ist der Nachweis des dualen Sachverhaltes mit eingeschlossen).

a) Der Punkt P gehöre nicht der Menge der Z an. Dann folgt aus der Konvergenz der Folge der $Q_i R_i$, dass die Paare schließlich in jeder Umgebung, also insbesondere in jedem der G bleiben. Andererseits kann man bei festgehaltenem Index i die Einteilung der G so weit verfeinern, bis zum ersten Male die (ja im Allgemeinen verschiedenen) Punkte Q_i und R_i in verschiedenen G liegen. Dann gehört ihre Verbindungsgerade aber dem zugeordneten Strahlenbereich g des letzten G an, in welchem noch Q_i und R_i gemeinsam liegen. So gibt es zu jedem i ein kleinstes Strahlengebiet aus den g, welches $(Q_i R_i)$ enthält, und auch diese Strahlengebiete sind geschachtelt und konvergieren gegen p.

b) Im Fall, dass P der Menge der Z angehört, können Q_i und R_i stets in verschiedenen G liegen. Man kann aber in diesem Fall die beiderseits P liegenden G derselben Stufe vereinigen und dadurch gleichfalls eine Schachtelung von Doppelgebieten erhalten, welche sich nach Pp zusammenzieht.

Damit ist die maximale Stetigkeit von K' und nach Abschnitt 9 des regulären, einfachen Bogens gezeigt. Da sich aber um jedes Element Pp einer regulären Kurve ein einfacher Bogen abgrenzen lässt, folgt daraus die maximale Stetigkeit der regulären Kurve.

Das neue Kriterium erweist sich somit als notwendige und hinreichende, lokale Charakterisierung der KNESER-JUEL'schen *Kurven.*

1.11 Nichtreguläre dualstetige Kurven

Die Konstruktion des dyadischen Kontinuums K' ergab die Existenz maximalstetiger Bögen. Ähnlich können triadische Kontinua K'' zur Konstruktion recht allgemeiner nichtregulärer dualstetiger Kurven benützt werden. Der Leitgedanke ist, an einem regulären Bogen eine Einbuchtung hervorzubringen, wodurch drei mit Wendepunkten aneinanderstoßende reguläre Bögen entstehen, an welchen das Verfahren wiederholt wird. So entsteht eine Folge dualstetiger Bögen, welche gegen eine dualstetige Kurve konvergiert, wenn die Variation des Tangentenschnittpunktes auf der Anfangs- und Endtangente geeignet beschränkt wird. Beim resultierenden Bogen finden sich in jeder Umgebung eines Punktes Wendepunkte. Diese Konstruktion lässt sich leicht direkt durch ein triadisches Kontinuum bewerkstelligen (UNGER 1953b, siehe die nachfolgende Arbeit). Man zeigt dann unschwer, dass die entstehende Kurve dualstetig, aber nirgends maximalstetig ist; auch ist keines der bei den Wahlakten auftretenden Elemente $Z\mathfrak{z}$ regulär.

1.12 Zusammenfassung

Durch selbstdual gefasste Verschärfung der Stetigkeit von Berührpunkt- und Tangentenexistenz ergibt sich ein notwendiges und hinreichendes Kriterium für die regulären Kurven (das heißt, die den VON STAUDT'schen Sätzen genügen). Dabei handelt es sich um ein lokales Kriterium. – Die Anregung zu dieser Untersuchung ging von Aufgabe Nr. 106 dieser Zeitschrift (L. LOCHER-ERNST) aus. Herrn G. BALASTÈR verdanke ich wertvolle Kritik und Hilfe.

2 Ein Kriterium für die Kneser-Juel'schen Kurven

2.1 Aufgabestellung

Die Untersuchung der Gestalten reeller Kurven der projektiven Ebene ohne Analytizitätsvoraussetzungen nimmt ihren Ausgang mit Bemerkungen von Moebius und von Staudt. In den Arbeiten von A. Kneser 1889 und C. Juel 1914 werden die grundlegenden Ergebnisse systematisch entwickelt. Der dort benützte Begriff der reellen Kurve betrifft entweder einen Bogen mit überall eindeutiger und stetiger Tangente (völlig stetig, Juel 1914), der durch die Gültigkeit weiterer axiomartiger Aussagen charakterisiert ist (Kneser 1889), oder den konvexen Bogen mit stetiger Tangente ohne Strecken (Juel 1914). Neuerdings hat L. Locher-Ernst 1952 durch eine geeignete Fassung des Begriffs «elementare Bewegung» den zu verwendenden Bogen von einem Axiomsystem der projektiven Geometrie aus charakterisiert. Wir werden den Bogen nach Kneser 1889, C. Juel 1914 und Locher-Ernst 1952 *regulär* nennen.

Gemeinsam ist diesen Ansätzen die explizite Voraussetzung, dass nicht nur das einzelne Element, sondern alle Elemente einer Umgebung auf der Kurve gewisse Eigenschaften zeigen müssen. Zum Beispiel werden nur endlich viele Umkehrstellen der Bewegung des Projektionsstrahls aus einem beliebigen festen Aufpunkt A und – dual – des Tangentenschnittpunktes mit einer beliebigen Testgeraden a zugelassen. Unabhängig davon steht fest, dass zu der (an sich lokalen) völligen Stetigkeit – die wir im Folgenden *Dualstetigkeit* nennen wollen, da Juel den Ausdruck auch teilweise für die spezielleren Kurven benützt – noch eine weitere Einschränkung hinzutreten muss: die sogenannten von Staudt'schen Sätze (Kneser 1889), Konvexität (Juel 1914) oder die durch die Kurve induzierte elementare Bewegung (Locher-Ernst 1952).

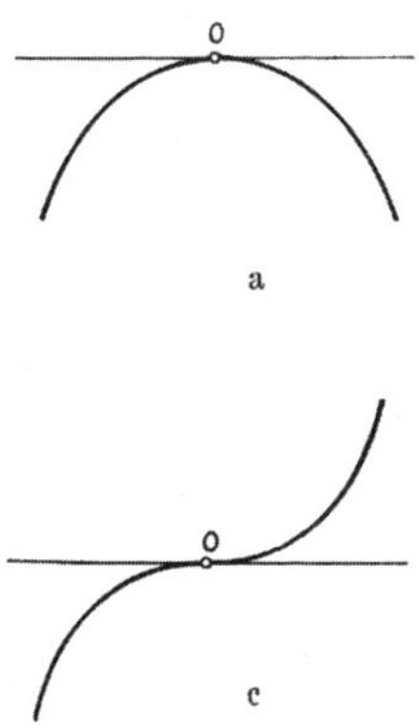

Figur 7 a und Figur 7 c

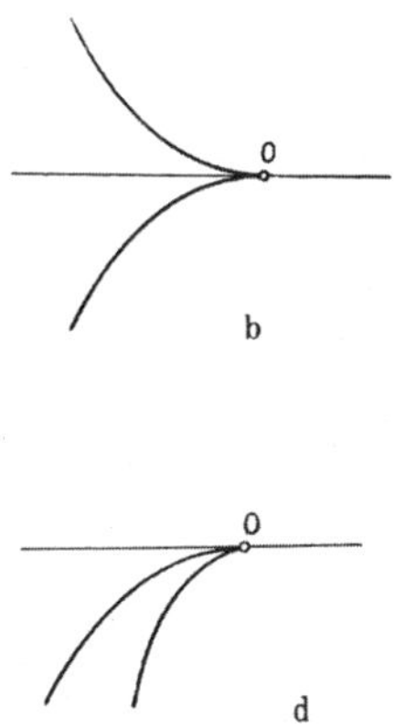

Figur 7 b und Figur 7 d

Die VON STAUDT'schen Sätze lauten: Die Bewegung des Projektionsstrahls (*AP*) aus einem festen Aufpunkt *A* hat dann und nur dann eine Umkehrstelle, wenn *A* auf *p* und $\neq P$ ist; und dual: Die Bewegung des Tangentenschnittpunktes (*ap*) hat dann und nur dann eine Umkehrstelle, wenn *a* durch *P* geht und $\neq p$ ist. *Pp* ist dabei ein bewegliches Element der Kurve.

Es ist nun nicht ohne Interesse, eine notwendige und hinreichende *lokale* Bedingung für die fraglichen Bögen und die Beziehungen der bei dualstetigen Kurven möglichen Stellen zu den elementaren Singularitäten zu suchen (welch Letztere durch stetiges Aneinanderfügen von regulären Bögen entstehen, wie Figuren 7 zeigen).

Das Ergebnis besteht in einer Verschärfung der Stetigkeitsforderung (UNGER 1953a), welche – an sich bekannt (BUSEMANN/FELLER 1934, PAUC 1941) – gerade die gewünschten Bögen lokal charakterisiert, wenn sie selbstdual gefasst wird, und in der Charakterisierung der allgemeinen bei dualstetigen Kurven möglichen Stellen.

2.2 Die dualstetige Kurve

Ein geordnetes lineares Kontinuum *K* aus verbundenen Linienelementen der projektiven Ebene heiße eine *dualstetige Kurve;* genauer:

a) Die Menge *K* ist geordnet, und es gilt das Schnittaxiom in ihr (innere Ordnung und Stetigkeit).

b) Die Elemente von *K* werden aus jedem Aufpunkt *A* stetig projiziert und von jeder Testgeraden *a* stetig geschnitten; also: eine sich auf *Pp* zusammenziehende Intervallschachtelung auf *K* erzeugt durch Schein und Schnitt je eine Segmentschachtelung im Büschel *A* und auf der Punktreihe *a,* die sich nach (*AP*) und (*ap*) zusammenziehen (äußere Stetigkeit).

c) Aus $Q_i \to P$ folgt $(PQ_i) \to p$, und aus $q_i \to p$ folgt $(pq_i) \to P$ (die Elemente der stetigen Menge *K* sind zur Kurve *K* verbunden).

2.3 Eigenschaften der dualstetigen Kurve *K*

Im Folgenden werden Verbindung und Schnitt durch (*AB*) und (*ab*), Inzidenz durch $\circ$ und das aus $P \circ p$ bestehende Linienelement durch *Pp* bezeichnet. Die Punkte auf den Strahlen eines Büschelsegmentes bilden ein Winkelfeld; dual: die Treffgeraden eines Geradensegmentes einen (Strahlen-)Segmentbereich. Umgebungen sind Dreiecks-Gebiete und (Strahlen-) Bereiche. Zwei Linienelemente (kurz: Elemente) *Aa, Bb* mit $S = (ab)$, $s = (AB)$ erzeugen Dreiecks-Gebiete *G* und Dreiecks-Bereiche *g,* die zu Doppelbereichen *Gg* von (Linien-)Elementen zusammengefasst werden. Ist *G* ein Dreiecksgebiet, so bilden die Strahlen, welche die seine Begrenzung bildenden Geradensegmente von *a* und *b* treffen, den zugeordneten Bereich *g,* der mit *G* den Doppelbereich *Gg* bildet.

Es sei *Pp* ein Element von *K* und *A* irgendein Punkt, verschieden von *P* und nicht auf *p* ($A \neq P$ und *A* nicht inzident mit *p*). Dann wird (*AP*) in der Umgebung von *Pp* nicht immer wieder von der Kurve getroffen. Denn andernfalls wäre (*AP*) eine von *p* verschiedene Tangente gegen Voraussetzung (c). Sei *a* irgendeine Gerade $\neq p$ und $a \circ P$. Dann wird – dual zum Vorangehenden – der Punkt (*ap*) nicht immer wieder in der Umgebung von *Pp* von den Tangenten der Kurve überstrichen. Daraus folgt die Disjunktion: in einem genügend kleinen, *P* enthaltenden Winkelfeld mit dem Scheitel *A* werden entweder die Vor-und Nachpunkte von *P* durch (*AP*) getrennt oder *K* gehört nur einem der beiden durch (*AP*) getrennten Teil-Winkelfelder an; und dual: in einem genügend kleinen, *p* enthaltenden Segmentbereich mit dem Treffsegment auf *a* werden entweder die Vor- und Nachtangenten von *p* durch (*ap*) getrennt, oder die Tangenten von *K* bleiben in einem der beiden durch (*ap*) getrennten Teil-Segmentbereiche. Die beiden Fallunterscheidungen gelten in genügend kleiner Umgebung von *Pp* und sind voneinander unabhängig. Man kann bei der Ersten sprechen von A) gewöhnlicher, B) Spitzen-Tangente, bei der Zweiten von einem a) gewöhnlichen, b) Wende-Punkt. Ihre Kombinationen sollen wie folgt genannt werden:

Aa) gewöhnliches oder α-Element, Ba) *«Spitze»* oder β-Element, Ab) *«Wendepunkt»* oder γ-Element, Bb) *«Schnabelspitze»* oder δ-Element, (β-, γ-, δ-Elemente = $\bar{\alpha}$-Elemente) in Analogie zu den Verhältnissen bei den elementaren Singularitäten. Die Anführungszeichen sollen auf den Unterschied zu den Letzteren hindeuten, die isoliert in regulären Bögen liegen.

2.4 Beispiele

Die Kurve $y = x^2\,(a + b \sin \log x)$ ist für $x \geq 0$ definiert und sei durch ihr Spiegelbild an der *y*-Achse ergänzt. Es werde stets $\frac{a}{b} > \frac{1}{2}\sqrt{5}$, $a, b > 0$ vorausgesetzt. Für $\frac{a}{b} < \frac{1}{2}\sqrt{10}$ hat die Kurve an der Stelle $x = 0$, $y = 0$ in jeder Umgebung unendlich viele Wendepunkte; oder keine, wenn $\frac{a}{b} > \frac{1}{2}\sqrt{10}$. Dabei überstreicht die Tangente den Punkt *O* immer wieder, wenn $\frac{a}{b} < \sqrt{2}$, oder nicht, wenn $\frac{a}{b} > \sqrt{2}$. Die Kurve ist in *O* dualstetig, da wegen $\frac{a}{b} > \frac{\sqrt{5}}{2}$ der Schnittpunkt der Tangente mit $y = 0$ beschränkt ist, wie aus

$$x - \frac{y}{y'} = \frac{x^2}{y'}\,(a + b \sin \log x + b \cos \log x)$$

folgt. Der Punkt *O* mit seiner Tangente $y = 0$ bildet ein gewöhnliches Element; in jeder Umgebung können Wendepunkte liegen, und die Tangente kann in jeder Umgebung *O* überstreichen (Figur 8).

Durch Dualisierung erhält man das Ergebnis: in jeder Umgebung eines gewöhnlichen Elementes können Spitzen vorkommen, und die Tangente kann immer wieder überschritten werden (Figur 9). Die VON STAUDT'schen Sätze sind in solchen Elementen im Allgemeinen nicht erfüllt, denn die Tan-

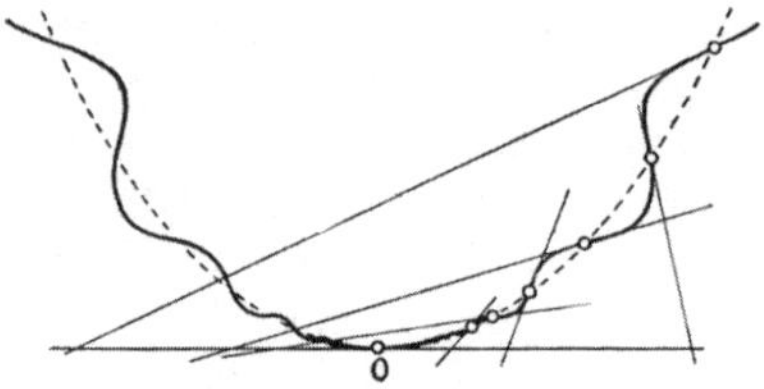

Figur 8

gentenschnittpunkte mit $y = 0$ bei $\frac{a}{b} < \sqrt{2}$ im einen Beispiel oder die Projektionsstrahlen aus O im dazu dualen werden durch O bzw. $y = 0$ nicht in Vor- und Nachpunkte bzw. Nachstrahlen getrennt. Außerdem existiert zwar in O und in Nachbarelementen ein Bewegungssinn der Tangente, aber *in keiner Umgebung* von O.

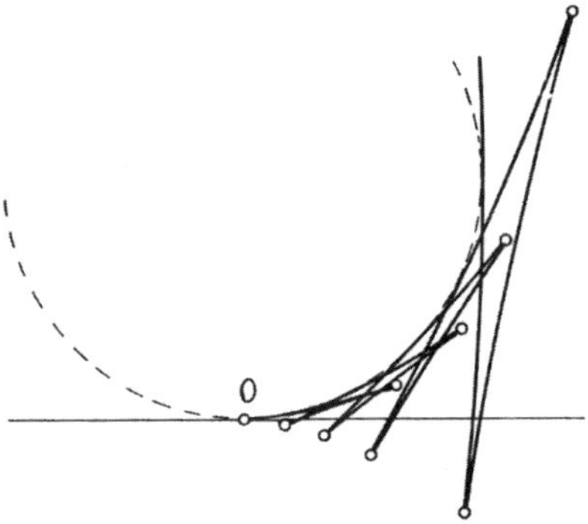

Figur 9

2.5 Der reguläre Bogen

Ein *Element Pp* heiße regulär, wenn die VON STAUDT'schen Sätze im folgenden, lokalen Sinne gelten: In genügend kleiner Punkt- und Strahlenumgebung von Pp trennt (AP) die Vor- und Nachpunkte und (ap) die Vor- und Nachtangenten von Pp *dann und nur dann nicht,* wenn $A \neq P$ und $A \circ p$ bzw. wenn $a \neq p$ und $a \circ P$ ist.

Das vorangehende Beispiel lehrt, dass für $\frac{a}{b} > \sqrt{2}$ sogar eine (nicht nur gewöhnliche, sondern) reguläre Stelle Häufungspunkt von Wendepunkten (dual: Spitzen) sein kann. Aber es gilt der

Satz: *Ein Element in einem offenen Bogen aus gewöhnlichen Elementen ist regulär.*

Sinngemäß heiße ein solcher ein *regulärer Bogen;* auf ihm gelten die VON STAUDT'schen Sätze im üblichen Sinn.

Dieser Satz enthält eine Verschärfung des LOCHER-ERNST'schen Glättungssatzes (LOCHER-ERNST 1952, Satz 10), da der Bewegungssinn nur lokal und nichts über die Ordnung der Projektionsstrahlen *aus* P oder der Tangentenschnittpunkte *auf* p vorausgesetzt wird. Auf die Möglichkeit einer Reduktion der Voraussetzungen wird schon an der zitierten Stelle hingewiesen.

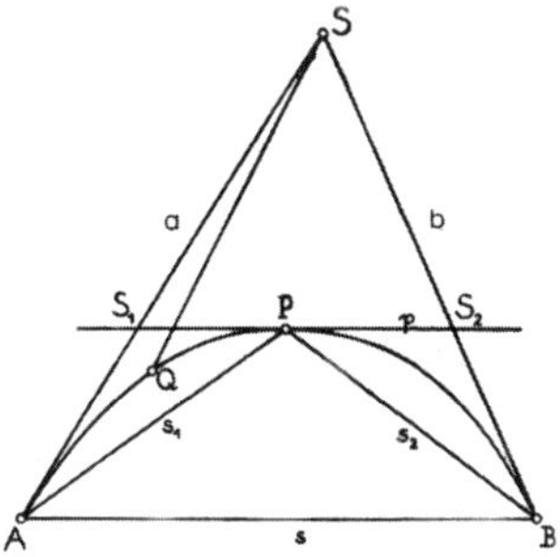

Figur 10 a

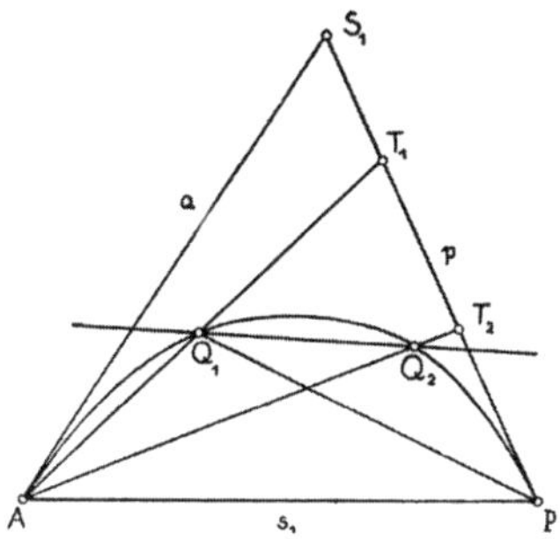

Figur 10 b

Beweis: 1. In einem offenen Bogen lässt sich auf jeder Seite eines Elementes Pp ein Bogen $AaPp$ und $PpBb$ so abgrenzen, dass die Sehnen $(AP) = s_1$, $(PB) = s_2$ nicht vom laufenden Punkt Q und dass die Punkte $(ap) = S_1$, $(pb) = S_2$ nicht von seiner Tangente q überschritten bzw. überstrichen werden (Figur 10 a). Andernfalls wäre zum Beispiel s_1 eine von p oder a verschiedene Tangente durch P oder A gegen Voraussetzung (c); auch lassen sich Aa, Bb ohne Inzidenzen mit Pp wählen. 2. Je ein Segment ap von S_1 und AP von s_1 werden von (S_1Q) bzw. (s_1q) *monoton* durchlaufen, da vermöge der Voraussetzung gewöhnlicher Elemente die innere Ordnung sich auf nichtinzidente Büschel und Punktreihen überträgt. 3. Der Punkt Q trifft nach dem Verlassen von A nicht mehr a, da $Q \circ a$ zufolge der Monotonie der Bewegung von (S_1Q) nur in S stattfinden könnte, wo $q \circ S_1$ wäre, gegen 1; dual: die Gerade q trifft nach dem Verlassen von a nicht mehr A. Also sind auch die Bewegungen von (AQ), (aq) monoton, da Ausnahmen nur bei $q \circ A$ oder $Q \circ a$ möglich wären. Dasselbe gilt für (PQ) und (pq). Seien nun Q_1 und Q_2 zwei Punkte der Kurve zwischen A und P, und T_1, T_2 die Schnittpunkte von (AQ_1), (AQ_2) mit p (Figur 10 b). Dann liegt Q_2 im Innern des Dreiecks PQ_1T_1, und somit trifft (Q_1Q_2) das Segment S_1P auf p innen; ebenso wird das Segment AS_1 innen getroffen. Rückt jetzt Q_2 nach Q_1, so wird die Tangente q_1 (= *lim* (Q_1C_2)) die Segmente AS_1, S_1P innen treffen und also dem Strahlenbereich g, bestimmt durch Aa, Pp, angehören. (Diese Eigenschaft wird später in Abschnitt 2.8 zur Parametrisierung und Konstruktion des regulären Bogens benützt.) 5. Dieselben Überlegungen gelten für den Bogen *PpBb.* Schließlich macht man sich unschwer klar, dass (PQ) auch an der Stelle *Pp* keine Umkehrstelle besitzt. Dann folgt aus 3. unmittelbar, dass das Element *Pp* regulär ist, und aus 4., dass die Projektion von Q aus A auf p sich gleichsinnig mit dem Schnittpunkt von q mit a bewegt, was im Wesentlichen den LOCHER-ERNST'schen Glättungssatz enthält (den wir nicht gebrauchen werden).

2.6 Der im Kleinen einfache Bogen

Der reguläre Bogen ist im Kleinen *einfach,* d. h., auf der Tangente p kommen nicht immer wieder von P verschiedene Punkte vor, und durch P gehen nicht immer wieder von p verschiedene Tangenten. Es gilt nun auch die folgende Umkehrung.

Satz: *Die im Kleinen einfache dualstetige Kurve ist regulär.*

Der Beweis wird in Abschnitt 2.10 geführt.

Bemerkung: Auch das Kriterium der Einfachheit ist keine *lokale,* sondern eine «Eigenschaft im Kleinen» (die also ein gleichartiges Verhalten in einer Umgebung voraussetzt).

2.7 Maximalstetige Kurven

Die folgende Verschärfung der stetigen Tangenten- und Berührpunktexistenz ist notwendig, d. h. bei regulären Kurven erfüllt, wie sich in den Abschnitten 2.8 und 2.9 ergeben wird und übrigens anschaulich naheliegt. (Eine *Kurve* ist regulär, wenn sich um jedes Element ein regulärer *Bogen* abgrenzen lässt; sie ist im Großen nicht notwendig einfach.) Nennt man mit K. MENGER (MENGER 1950, SÜSS 1952) ein ungeordnetes Paar, bestehend aus einem Punkt S und einer Geraden s in Nichtinzidenz eine *Opposition* (S, s), so gibt es zu zwei verschiedenen Linienelementen *Aa*, *Bb* ohne gegenseitige Inzidenzen eine *Sehnen-Opposition* (S, s). Wir übertragen nun die Stetigkeit im scharfen Sinn von BUSEMANN/FELLER 1934 auf ein lineares, geordnetes Kontinuum von Linienelementen K.

Definition: Ein Element *Pp* von K heiße *maximalstetig,* wenn mit zwei verschiedenen Elementen von K auch deren Sehnen-Opposition nach *Pp* strebt. [Also wenn aus Q_i, $R_i \to P$ folgt, dass $(Q_i R_i) \to p$, und wenn aus q_i, $r_i \to p$ folgt, dass $(q_i r_i) \to P$.] Ein Bogen aus maximalstetigen Elementen heiße ein maximalstetiger Bogen.

Satz: *Der maximalstetige Bogen ist regulär.*

Beweis: Wir zeigen: a) ist $A \neq P$, A nicht inzident mit p, so trennt (AP)

in genügend kleiner Umgebung von Pp die Vor- und Nachpunkte, b) die Kurve überschreitet nicht in jeder Umgebung die Tangente p, und c) auch nicht im Punkt P. – Die dualen Aussagen beweisen sich analog.

a) Angenommen, (AP) würde die Vor- und Nachpunkte von P nicht trennen, so ließe sich eine nach P strebende Folge von Vorpunkten Q_i auf der «Nachseite» von (AP) bilden. Auf den Strahlen (AQ_i) würden aber Nachpunkte R_i liegen, da die Kurve in genügend kleinem, (AP) enthaltendem Winkelfeld alle von A ausgehenden Strahlen des Teilsegmentes überschreitet, so dass eine Folge von Sekanten (Q_iR_i) durch A existierte im Widerspruch zur Maximalstetigkeit.

b) Angenommen, die Kurve würde immer wieder die Tangente p überschreiten, so gäbe es eine Folge von (beschränkten) Bogenstücken zwischen aufeinanderfolgenden Schnittpunkten (sie können nicht dicht liegen, sonst wäre K die Tangente). Aus einem genügend entfernten Aufpunkt $A \circ p$ gäbe es wegen der Beschränktheit und Maximalstetigkeit der Teilbögen Tangenten, aus denen sich eine Folge von Paaren bilden ließe, deren Schnittpunkt A nicht nach P strebt im Widerspruch zur Maximalstetigkeit.

c) Angenommen, es gäbe Vor- und Nachpunkte auf verschiedenen Seiten der Tangente, (und nach a) auf verschiedenen Seiten von (AP)), so ließe sich wie oben auf ihrer Verbindungslinie in genügender Entfernung ein Punkt A angeben, der zwei Tangenten an die Kurve sendet. Bei der Bewegung der beiden Punkte nach P braucht A nicht nach P zu streben im Gegensatz zur Maximalstetigkeit.

Die Eigenschaften a) bis c) implizieren, dass (AP) dann und nur dann die Vor- und Nachpunkte von P nicht trennt, wenn $A \neq P$, $A \circ p$. Zusammen mit der sich analog ergebenden dualen Aussage bedeutet dies die Regularität von Pp.

Damit ist eine hinreichende Bedingung für reguläre Kurven gefunden. Man macht sich leicht klar, dass das reguläre Element nicht notwendig maximalstetig ist. Ist nämlich ein reguläres Element gegeben, zum Beispiel ein Häufungspunkt von Wendepunkten, so können die Tangentenpaare nach c) so gefunden werden, dass ihr Schnittpunkt außerhalb einer Umgebung von Pp bleibt. Also: maximalstetige Elemente existieren nur im Innern regulärer Bögen.

Wir zeigen in den nächsten Abschnitten noch eine Konstruktion des regulären Bogens als eines gewissen dyadischen Kontinuums K', und dass K' maximalstetig ist, womit sich die Maximalstetigkeit auch als notwendige Bedingung erweist.

2.8 Parametrisierung und Konstruktion des regulären Bogens

Es sei Aa Anfangselement, Bb Endelement und Z_1z_1 ein Zwischenelement eines regulären Bogens. Dann sind in dem durch den Bogen in den Büscheln $A(as_1)$, $B(s_1b)$ und Punktreihen $a(AS_1)$, $b(S_1B)$ induzierten Sinn die

Strahlen $s_{01} = (AZ_1)$, $s_{11} = (BZ_1)$ und die Punkte $S_{01} = (az_1)$, $S_{11} = (bz_1)$ zwischen a und s_1 bzw. s_1 und b resp. A und S_1 bzw. S_1 und B.

Man kann nun in den Dreiecksgebieten

$$G_{01} : AS_{01}Z_1,$$
$$G_{11} : Z_1S_{11}B$$

und in den Dreiseitbereichen

$$g_{01} : as_{01}z_1,$$
$$g_{11} : z_1s_{11}b$$

auf entsprechende Weise Zwischenelemente wählen, und zwar derart, dass bei weiterer Fortsetzung des Verfahrens die Büschel aus A, B und die Punktreihen auf a, b dicht werden. Die Bezeichnung lässt sich in sinngemäßer Fortsetzung der begonnenen so wählen, dass die aus den Indizes der Zz (oder der gleichnamigen Gg) gebildeten *dyadischen Brüche* (zwischen 0 und 1) durch ihre natürliche Anordnung (der Größe nach) dieselbe Ordnung wie die Zwischenelemente auf dem Bogen haben. Bei unbegrenzter Verfeinerung entspricht jedem abbrechenden dyadischen Bruch zwischen 0 und 1 eines der gewählten Zz und jedem nicht abbrechenden ein Häufungselement, das beim regulären Bogen zu ihm gehört, und umgekehrt. Man kann diese *Parametrisierung* des regulären Bogens leicht zur *Konstruktion* benützen: Man nennt zu gegebenen Aa, Bb eines der vier Dreiecksgebiete, in welche die projektive Ebene zerfällt, das innere G_1 und den entsprechenden inneren Strahlenbereich g_1 (siehe oben Anfang Abschnitt 2.3), und wählt im Doppelbereich G_1g_1 ein Element Z_1z_1. Die Elementepaare Aa, Z_1z_1 und Z_1z_1, Bb erzeugen die Teilgebiete und -bereiche G_{01}, G_{11}, g_{01}, g_{11} und durch Wahl von Z_{01}, z_{01} und Z_{11}, z_{11} in ihnen weiterhin G_{001}, G_{011}, g_{001}, g_{011} und G_{101}, G_{111}, g_{101}, g_{111}, in welchen man die gleichnamigen Zwischenelemente Z_{001}, z_{001} usw. wählen kann. Wenn man die weitere Fortsetzung so führt, dass die entstehende Menge von Elementen durch Schein und Schnitt dichte Büschel und Segmente in A, B und a, b bewirkt, so ist evident, dass die Menge K' der Zz und ihrer Häufungselemente eine reguläre Kurve ist. Wir zeigen nur, dass K' maximalstetig ist, woraus nach Abschnitt 2.7 die Regularität folgt.

2.9 Das Kontinuum K' ist maximalstetig

Die äußere Stetigkeit von K' (und übrigens, dass die Elemente verbunden sind nach c) in Abschnitt 2.7) folgt sofort daraus, dass die bei der Konstruktion auftretenden Doppelbereiche Gg geschachtelt sind und sich daher auf Linienelemente zusammenziehen. Zum Nachweis der Maximalstetigkeit genügt es daher, die Sehnen-Opposition irgendeiner Folge von Elementenpaaren $Q_iq_i \neq R_ir_i$ in eine gegen Pp konvergierende geschachtelte Folge von G^ig^i einzufangen. Sei a) Pp kein Zz, so bricht der zugehörige dyadische Bruch nicht ab. Man breche die Indexfolge beim letzten der Gg ab, dem Q_iq_i, R_ir_i gemeinsam angehören, und beachte, dass sie den beiden verschiedenen Doppelbereichen der nächsten Stufe angehören, und dass deshalb ihre Sehnen-Opposition in G^ig^i liegt. Ist aber b) Pp ein Zz, so kann es vorkommen, dass die Elemente der Paare stets in verschiedenen der Gg liegen, nämlich beidseitig Pp. Dann kann man jedes Mal die letzten Doppelbereiche gleicher Ordnung, in denen (bei festem i) die Elemente des Paares liegen, zu einem G^ig^i zusammenfassen, deren Folge gleichfalls, geschachtelt, nach Pp strebt. Also:

Satz: *Das Kontinuum K' ist maximalstetig.*

Damit hat sich das *lokale Kriterium: maximale Stetigkeit* als notwendig und hinreichend erwiesen. Es hat sich ergeben, dass es isolierte reguläre, aber keine isolierten maximalstetigen Elemente gibt. (Andererseits ist schon ein gewöhnliches oder α-Element entweder Häufungsstelle von $\bar{\alpha}$-Elementen oder aber im Innern eines regulären Bogens und somit maximalstetig.) Also erweist sich die maximale Stetigkeit als besonders angepasst für die Charakterisierung der KNESER-JUEL'schen Kurven: zur Forderung der Stetigkeit (im selbstdualen und scharfen Sinn) braucht keine Bedingung mehr hinzuzutreten. Damit ist JUELs Idee der «völligen Stetigkeit» erfüllt.

Die Untersuchung der bei dualstetigen Kurven möglichen α- bis δ-Stellen kann noch mit dem Ergebnis von DENJOY 1910 und DURAND 1931 verbunden werden über die Abzählbarkeit der Spitzen einer Kurve. Für die dualstetige Kurve folgt, dass es höchstens abzählbar viele $\bar{\alpha}$-Stellen geben kann. Eine dualstetige Kurve, bei welcher die Singularitäten nicht dicht liegen, ist also abteilungsweise regulär. Insofern ist es möglich, wie KNESER 1889 (S. 206), vom «nirgendssingulären» Bogen ohne Einschränkung zu sprechen, wenn man im Auge behält, dass «im Allgemeinen» die $\bar{\alpha}$-Stellen dicht liegen und es gar keine maximalstetigen Stellen gibt.

In den beiden nächsten Abschnitten wird noch der Beweis zu Abschnitt 2.6 nachgetragen und eine triadische Konstruktion zur Bildung *nirgends maximalstetiger* Kurven benützt.

2.10 Die im Kleinen einfache Kurve ist ein Kontinuum *K'*

Die im Kleinen einfache Kurve war in Abschnitt 2.6 so definiert, dass nicht in jeder Umgebung von Pp auf p von P verschiedene Punkte oder durch P von p verschiedene Tangenten der Kurve existieren. Seien Aa, Bb Anfangselement und Endelement, Pp ein Zwischenelement in einer durch den Doppelbereich aus A_0a_0 und B_0b_0 gebildeten Umgebung G_0g_0, welche so gewählt sei, dass der dualstetige, im Kleinen einfache Bogen K in G_0g_0 bleibt und keine nicht-einfachen Elemente mehr enthält. Dann genügt es, zu zeigen, dass mit P von K auch p im Doppelbereich Gg enthalten ist, der durch $AaBb$ in G_0g_0 bestimmt ist, um K durch eine Konstruktion K' nach Abschnitt 2.8 zu bilden, woraus *a fortiori* die Regularität des Bogens $AaBb$ folgt. Nun kann p nur in g liegen, weil andernfalls p sowohl A als auch B überstreichen müsste, um sowohl in die Lage a als auch b gelangen zu können. (Der, vielleicht etwas anschaulichere, duale Sachverhalt besagt: wenn p in g, so kann P nur in G sein, da andernfalls P sowohl a als auch b überschreiten müsste, um in die beiden Lagen A und B zu gelangen.) Mithin lässt K eine Konstruktion als ein K' zu.

2.11 Nirgends maximalstetige Kurven

Konstruktion (Figur 11 a und 11 b): Im Doppelbereich $AaBb = Gg$ werden zwei Elemente Z_1z_1, Z_2z_2 (und damit Gg als *innerer* Doppelbereich ausgezeichnet) derart gewählt, dass die Büschel $A(a, (AZ_1), (AZ_2), s)$ und $B(s, (BZ_1), (BZ_2), b)$ sowie die Punktreihen $a(A, (az_1), (az_2), S)$ und $b(S, (bz_1), (bz_2), B)$ die angeschriebene Ordnung besitzen. In Gg enthalten sind die Doppelbereiche:

$$AS_0Z_1as_0z_1 = G_0g_0;$$
$$Z_1S_1Z_2z_1s_1z_2 = G_1g_1;$$
$$Z_2S_2Bz_2s_2b = G_2g_2.$$

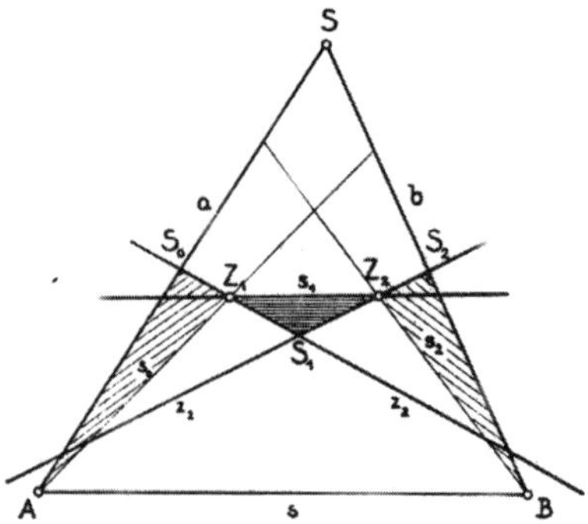

Figur 11 a

Durch simultane Wahl von je zwei Zwischenelementen in diesen Doppelbereichen erster Stufe unter Berücksichtigung analoger Ordnungsbeziehungen erhält man $Z_{01}z_{01}$, $Z_{02}z_{02}$; $Z_{11}z_{11}$, $Z_{12}z_{12}$; $Z_{21}z_{21}$, $Z_{22}z_{22}$ und daraus die Doppelbereiche zweiter Stufe:

$G_{00}g_{00}$, $G_{01}g_{01}$, $G_{02}g_{02}$;
$G_{10}g_{10}$, $G_{11}g_{11}$, $G_{12}g_{12}$;
$G_{20}g_{20}$, $G_{21}g_{21}$, $G_{22}g_{22}$.

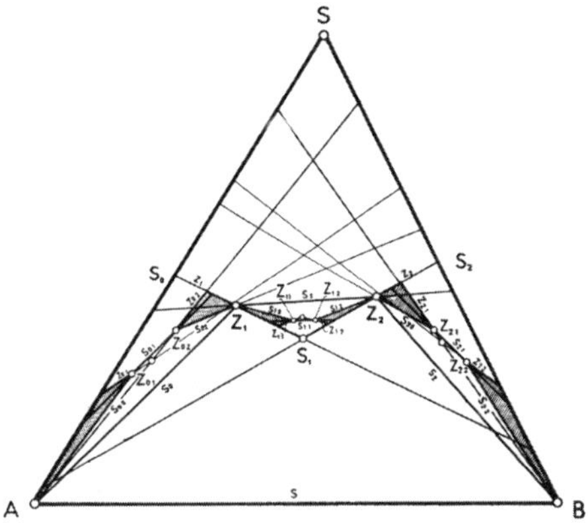

Figur 11 b

Die Fortsetzung des Verfahrens ist ersichtlich und sei so geführt, dass die Menge der $Z\mathfrak{z}$ durch Schein und Schnitt dichte Strahlen- und Punktmengen in den Büscheln *A, B* und den Punktreihen *a, b* erzeugt. Jedem abbrechenden triadischen Bruch aus den Indizes der $Z\mathfrak{z}$ entspricht ein $Z\mathfrak{z}$ und umgekehrt. Durch eine geeignete Übereinkunft lassen sich den $Z\mathfrak{z}$ die *Gg* zuordnen (etwa links vom gleichnamigen Element). Dann entspricht jedem nichtabbrechenden triadischen Bruch eine Schachtelung von Doppelbereichen. Wir betrachten im Folgenden die Menge K'' der $Z\mathfrak{z}$ und ihrer Häufungselemente. Diese ist umkehrbar eindeutig auf das Intervall $[0, 1]$ abgebildet und stellt eine dualstetige Kurve dar. Denn man kann zu einer nach *P* strebenden Folge von Q_i aus den kleinsten *Gg*, die *P* und Q_i im Innern oder auf dem Rand enthalten, die Folge $G^i g^i$ bilden, welche – in jedem Glied – (PQ_i) in g^i enthält. Dann folgt aus $Q_i \to P$ auch $(PQ_i) \to p$ und dual. Es gilt nun der

Satz: *Die dualstetige Kurve K'' ist nirgends maximalstetig.*

Es genügt einzusehen, dass die dichte Menge der $Z\mathfrak{z}$ aus γ-Elementen besteht, und das folgt aus den bei der Konstruktion verwendeten Ordnungsbeziehungen unmittelbar. – Anschaulich liegt der Konstruktion der Gedanke zugrunde: man bringe an einem regulären Bogen eine Einbuchtung an und so, dass die Wendetangenten dem Doppelbereiche *AaBb* angehören, und wiederhole das Verfahren bei den drei entstandenen Teilbögen usf. Die Konvergenz ist klar und führt zu einer Menge K''.

ANHANG

Nachweis früherer Veröffentlichungen

I. *Vorbereitende Betrachtungen*

LOCHER-ERNST, LOUIS:
Ein einfacher Bogen. *Das Goetheanum* 1961, 40 (24): 189.
Vom einfachen Bogen zum Oval. *Das Goetheanum* 1961, 40 (28): 222–223.
Von den Spiralenbögen. *Das Goetheanum* 1961, 40 (31): 246–247.
Wellen, Schleifen und fortschreitende Lemniskaten. *Das Goetheanum* 1961, 40 (32): 252–253.

II. *Einführung in die freie Geometrie ebener Kurven*

LOCHER-ERNST, LOUIS:
Einführung in die freie Geometrie ebener Kurven. Basel: Birkhäuser 1952 (Elemente der Mathematik vom höheren Standpunkt aus, Band 1).

III. *Ergänzungen*

LOCHER-ERNST, LOUIS:
Kleine Übung an Eiformen. *Sternkalender* 1958/1959. Dornach: Philosophisch-Anthroposophischer Verlag am Goetheanum 1957: 110–114.
Wendestellen, Spitzen und Schleifen. *Elemente der Mathematik* 1961, 16: 111–113.
Aufgaben und Lösungen. *Elemente der Mathematik;* Aufgaben [von L. LOCHER-ERNST] Nr. 106, 107, 108 aus 1950, 5: 141. Lösungen [von J. EBERSOLD, G. A. BALASTÈR, G. UNGER] aus 1952, 7: 14–16 (Nr. 106) und 1952, 7: 42–44 (Nr. 107, 108).

IV. *Georg Unger: Maximalstetige und dualstetige Kurven*

UNGER, GEORG:
Maximalstetige Kurven. Eine neue Charakterisierung der KNESER-JUELschen Bögen. *Elemente der Mathematik* 1953, 8: 79–85.
Ein Kriterium für die KNESER-JUELschen Kurven. *Archiv der Mathematik* 1953, 4: 143–153.

Bibliographie

Die mit einem Stern * gekennzeichneten Arbeiten von L. LOCHER-ERNST und GEORG UNGER sind im vorliegenden Band abgedruckt.

BARNER, MARTIN (1956): Über die Mindestanzahl stationärer Schmiegeebenen bei geschlossenen streng-konvexen Raumkurven. *Abhandlungen des Mathematischen Seminars der Universität Hamburg* 20: 196–215.

BARNER, MARTIN / FLOHR, FRIEDRICH (1958): Der Vierscheitelsatz und seine Verallgemeinerungen. *Der Mathematische Unterricht* 4: 43–73.

BISZTRICZKY, TIBOR (1971): *Directly differentiable arcs.* Master of Science Thesis, McMaster University (Canada).

– (1984): Inflectional convex space curves. *Canadian Journal of Mathematics* 36: 537–549.

BISZTRICZKY, TIBOR / SCHERK, PETER (1984): A property of arcs of order n in R_n. *Mathematical Reports of the Academy of Science* (Royal Society of Canada) 6: 165–170.

– (1985): Ordinary arcs on convex bodies. *Mathematical Reports of the Academy of Science* (Royal Society of Canada) 7: 27–32.

BRILL, ALEXANDER WILHELM VON (1877): Über rationale Curven vierter Ordnung. *Mathematische Annalen* 12: 90–122.

BRUNN, HERMANN (1887): *Über Ovale und Eiflächen* (Dissertation). München: Buchholz.

– (1889): *Über Curven ohne Wendepunkte* (Habilitationsschrift). München: Ackermann.

– (1894): Exacte Grundlagen für eine Theorie der Ovale. *Sitzungsberichte der königlichen bayerischen Akademie der Wissenschaften zu München,* Mathematisch-physikalische Classe 24: 93–111.

BUSEMANN, HERBERT / FELLER, WILLIAM (1934): Krümmungseigenschaften konvexer Flächen. *Acta Mathematica* 66: 1–47.

DENJOY, ARNAUD (1910): Continu et discontinu. *Compte rendues de l'Académie des sciences* 151: 138–140.

DERRY, DOUGLAS (1951): The duality theorem for curves of order n in n-space. *Canadian Journal of Mathematics* 3: 159–163.

– (1955): On closed differentiable curves of order n in n-space. *Pacific Journal of Mathematics* 5: 675–686.

– (1956): Convex hulls of simple space curves. *Canadian Journal of Mathematics* 8: 383–388.

DURAND, GEORGES (1931): Sur un critère de dénombrabilité. *Acta Mathematica* 56: 363–369.

ERLANG, AGNER KARUP (1906): Lidt om det grafiske Korrespondanceprincip. *Nyt Tidsskrift for Mathematik* 17 B: 58–62.

FABRICIUS-BJERRE, FREDERIK (1942): Über geschlossene Kurven ($n + 1$)-ter Ordnung im R^n mit einer Anwendung auf ebene Kurven der konischen Ordnung 5 und 6. *Skrifter det Kgl. Danske Videnskabernes Selskab, Matematisk-fysiske Meddelelser* 20 (1): 1–25.

FISCHER, GERD (1986): Singularitäten von Raumkurven. In: FISCHER, GERD (Hg.): *Mathematische Modelle,* Band 1: 58–59, Band 2: 26–27.

FUSTER, MARIA DEL CARMEN ROMERO / COSTA, SUELI I. RODRIGUES / BALLESTEROS, JUAN J. NŨNO (1989): Some global properties of closed space curves. *Lecture Notes in Mathematics* 1410: 286–295.

HAUPT, OTTO (1925): Zur JUELschen Theorie der rellen, ebenen Kurven 4. Ordnung. *Sitzungsberichte der mathematisch-naturwissenschaftlichen Abteilung der Bayerischen Akademie der Wissenschaften,* München, 1925: 1–8.

– (1931): Über die Struktur reeller Kurven. *Journal für die reine und angewandte Mathematik* 164: 50–60.

– (1933): Ein Satz über die reellen Raumkurven vierter Ordnung und seine Verallgemeinerung. *Mathematische Annalen* 108: 126–142.

– (1939): Geometrische Ordnungen. *Jahresberichte der Deutschen Mathematiker-Vereinigung* 49: 190–207.

– (1958): Streng-convexe Bogen und Kurven in der direkten Infinitesimalgeometrie. *Archiv der Mathematik* 9: 110–116.

– (1960): Zur Verallgemeinerung des ROSENTHALschen Struktursatzes für die ebenen dualisierbaren Kurven. *Journal für die reine und angewandte Mathematik* 204: 11–29.

HAUPT, OTTO / KÜNNETH, HERMANN (1967): *Geometrische Ordnungen.* Berlin-Heidelberg: Springer (Grundlehren der mathematischen Wissenschaften, Band 133).

HJELMSLEV, JOHANNES (1905): Om konvexe Omraader. *Nyt Tidsskrift for Mathematik* 16 B: 81–97.

– (1907): Om Grundlaget for Laeren om simple Kurver. *Nyt Tidsskrift for Mathematik* 18 B: 49–70.

– (1917): Die Geometrie der Wirklichkeit. *Acta Mathematica* 40: 35–60.

– (1923): Die natürliche Geometrie. Vier Vorträge. *Abhandlungen aus dem mathematischen Seminar der hamburgischen Universität* 2: 1–36.

– (1943): Die Geometrie der schwachen Figuren. *Skrifter det Kgl. Danske Videnskabernes Selskab, Matematisk-fysiske Meddelelser* 20 (21): 1–64.

HOPF, HEINZ (1935): Über die Drehung der Tangenten und Sehnen ebener Kurven. *Compositio Mathematica* 2: 50–62.

JUEL, CHRISTIAN (1899): Indledning i Laeren om de grafiske Kurver. *Skrifter det Kgl. Danske Videnskabelig Selskab,* 6. Raekke, naturvidenskabelig og mathematisk Afdeling, X, Nr. 1 (= *Mémoire de l'Académie Royale des Sciences et des Lettres de Danemark,* 6me série, Section des Sciences, tome X, No. 1): 1–90.

– (1906): Om ikke-analytiske Kurver. *Skrifter det Kgl. Danske Videnskabelig Selskab,* 7. Raekke, naturvidenskabelig og mathematisk Afdeling, I, Nr.

6 (= *Mémoire de l'Académie Royale des Sciences et des Lettres de Danemark,* 7me série, Section des Sciences, tome I, No. 6): 297–355.
– (1907): Aufgabe Nr. 176. *Archiv der Mathematik und Physik,* 3. Reihe, Band 11: 276.
– (1911): Om simple cykliske Kurver. *Skrifter det Kgl. Danske Videnskabelig Selskab,* 7. Raekke, naturvidenskabelig og mathematisk Afdeling, VIII, Nr. 6 (= *Mémoire de l'Académie Royale des Sciences et des Lettres de Danemark,* 7me série, Section des Sciences, tome VIII, No. 6): 365–383.
– (1914): Einleitung in die Theorie der ebenen Elementarkurven dritter und vierter Ordnung. Skrifter *det Kgl. Danske Videnskabelig Selskab,* 7. Raekke, naturvidenskabelig og mathematisk Afdeling, XI, Nr. 2 (= *Mémoire de l'Académie Royale des Sciences et des Lettres de Danemark,* 7me série, Section des Sciences, tome XI, No. 2): 111–167.
– (1928): Beispiele von Elementarkurven und Elementarflächen. *Atti dei Congresso Internazionale dei Matematici,* Bologna, Band 4: 195–215.

KAISER, HANS (1968): Beitrag zur Systematik der freien Kurven. *Mathematisch-Physikalische Korrespondenz,* Nr. 67: 3–13, 9 Abbildungen [separates Blatt].

KNESER, ADOLF (1888): Synthetische Untersuchungen über die Schmiegungsebenen beliebiger Raumcurven und die Realitätsverhältnisse spezieller Kegelschnittsysteme. *Mathematische Annalen* 31: 507–548.
– (1889): Allgemeine Sätze über die scheinbaren Singularitäten beliebiger Raumkurven. *Mathematische Annalen* 34: 204–226.
– (1893): Einige allgemeine Sätze über die einfachsten Gestalten ebener Curven. *Mathematische Annalen* 41: 349–376.

KÜNNETH, HERMANN (1959): Dualisierbare Kurven im R^3. *Journal für die reine und angewandte Mathematik* 201: 84–99.
– (1964): Die Theorie der geometrischen Ordnungen. *Advances in Mathematics* 1 (2): 103–144.

LOCHER-ERNST, LOUIS (1940): *Projektive Geometrie.* Zürich: Orell Füssli (2. Auflage: Dornach: Philosophisch-Anthroposophischer Verlag am Goetheanum 1980).
– * (1950–1952): (Aufgaben und Lösungen). *Elemente der Mathematik;* Aufgaben [von L. LOCHER-ERNST] Nr. 106, 107, 108 aus 1950, 5: 141. Lösungen [von J. EBERSOLD, G. A. BALASTÈR, G. UNGER] aus 1952, 7: 14–16 (Nr. 106) und 1952, 7: 42–44 (Nr. 107, 108).
– (1951): Polarentheorie der Eilinien. *Elemente der Mathematik* 6: 1–7. Wieder abgedruckt in: Locher (1970): 99–105.
– * (1952): *Einführung in die freie Geometrie ebener Kurven.* Basel: Birkhäuser.
– (1957 a): *Raum und Gegenraum.* Dornach: Philosophisch-Anthroposophischer Verlag am Goetheanum (3. Auflage 1988).
– (1957 b): Kurven und Kurvenhüllen. In: *Raum und Gegenraum.* Dornach: Philosophisch-Anthroposophischer Verlag am Goetheanum (3. Auflage 1988), Kapitel 16: 139–149.

– * (1957 c): Kleine Übung an Eiformen. *Sternkalender* 1958/1959. Dornach: Philosophisch-Anthroposophischer Verlag am Goetheanum: 110–114.
– * (1961 a): Wendestellen, Spitzen und Schleifen. *Elemente der Mathematik* 16: 111–113.
– * (1961 b): Ein einfacher Bogen. *Das Goetheanum* 40 (24): 189.
– * (1961 c): Vom einfachen Bogen zum Oval. *Das Goetheanum* 40 (28): 222–223.
– * (1961 d): Von den Spiralenbögen. *Das Goetheanum* 40 (31): 246–247.
– * (1961 e): Wellen, Schleifen und fortschreitende Lemniskaten. *Das Goetheanum* 40 (32): 252–253.
– (1970): *Geometrische Metamorphosen.* Dornach: Philosophisch-Anthroposophischer Verlag am Goetheanum.
MENGER, KARL (1950): The projective space. *Duke Mathematical Journal* 17: 1–14.
MOEBIUS, AUGUST FERDINAND (1852): *Über die Grundformen der Linien der dritten Ordnung.* Gesammelte Werke, Band 2 (Leipzig: Teubner 1886): 89–176. Selbstanzeige: 177–182.
MOTTE, WALTER (1960): *Die Struktur des gewundenen Elementarbogens und der aus zwei einfachen Bögen bestehenden Elementarkurve.* Zulassungsarbeit zum Staatsexamen an der Universität Freiburg im Breisgau.
NAGY VON SZÖKEFALVA, GYULA (JULIUS) (1943): Geometrie endlicher Ordnung. *Jahresberichte der Deutschen Mathematiker-Vereinigung* 53: 103–136.
PAUC, CHRISTIAN (1941): *Les méthodes directes en géométrie differentielle* (Thèse, Paris 1941). Paris: Hermann; auch in: *Exposés d'Analyse Générale,* Band 13: 89–139 (Actualités Scientifique et Industrielles; 886), Paris: Hermann.
ROSENTHAL, ARTUR (1913): Über die Singularitäten der reellen ebenen Kurven. *Mathematische Annalen* 73: 480–521.
SCHERK, PETER (1936): Über reelle geschlossene Raumkurven vierter Ordnung. *Mathematische Annalen* 112: 743–766.
– (1937a): Über differenzierbare Kurven und Bögen I. Zum Begriff der Charakteristik. *Časopis pro pěstovani matematiki a fysiki* 66: 165–171.
– (1937 b): Über differenzierbare Kurven und Bögen II. Elementarbogen und Kurve *n*-ter Ordnung im R_n. *Časopis pro pěstovani matematiki a fysiki* 66: 172–191.
– (1954 a): Dually differentiable points on plane arcs. *Transactions of the Royal Society of Canada* 48: 43–48.
– (1954 b): Elementary points on plane arcs. *Transactions of the Royal Society of Canada* 48: 49–53.
STEINER, RUDOLF (1914): *Der neue baukünstlerische Gedanke.* Vortrag vom 28. Juni 1914. In: STEINER, RUDOLF, *Wege zu einem neuen Baustil,* Dornach: R. Steiner Verlag 1982 (GA 286, 3. Auflage): 75–86.

STOLZENBURG, ALEXANDER (2009): Freie Geometrie ebener Kurven. In: ALEXANDER STOLZENBURG, *Projektive Geometrie,* Stuttgart: Edition Waldorf 2009: 268–306.

SÜSS, WILHELM (1952): Eine selbstduale Begründung der projektiven Geometrie von K. MENGER. *Elemente der Mathematik* 7: 29–32.

* UNGER, GEORG (1953a): Maximalstetige Kurven. Eine neue Charakterisierung der KNESER-JUELschen Bögen. *Elemente der Mathematik* 8: 79–85.

– * (1953b): Ein Kriterium für die KNESER-JUELschen Kurven. *Archiv der Mathematik* 4: 143–153.

VON STAUDT, GEORG KARL CHRISTIAN (1847): *Geometrie der Lage.* Nürnberg: Bauer und Raspe.

VERONESE, GIUSEPPE (1882): Behandlung der projektivischen Verhältnisse der Räume von verschiedenen Dimensionen durch das Prinzip des Projicierens und Schneidens. *Mathematische Annalen* 14: 161–234.

WHITNEY, HASSLER (1937): On regular closed curves in the plane. *Compositio Mathematica* 4: 276–284.

WIENER, CHRISTIAN (1880): Die Abhängigkeit der Rückkehrelemente der Projectionen einer unebenen Curve von denen der Curve selbst. *Zeitschrift für Mathematik und Physik* 25: 95–97.

ZEUTHEN, HIERONYMUS GEORG (1874): Sur les différentes formes des courbes planes du quatrième ordre. *Mathematische Annalen* 7: 410–432.

Sachverzeichnis

Louis Locher-Ernst

Urphänomene der Geometrie

Die vorliegenden Ausführungen wenden sich an Mathematiker und Naturwissenschaftler wie auch an Liebhaber der Geometrie. Deshalb sind auch keine besonderen Fachkenntnisse vorausgesetzt. Mehr Menschen, als man gemeinhin glaubt, haben Sehnsucht nach einer Tätigkeit, deren Art die Bürgschaft dafür liefern kann, dass des Menschen eigentliches Wesen Anteil an einer rein geistigen Welt hat. Das selbständige Mathematisieren, hier insbesondere Geometrisieren, kann, genügend energisch durchgeführt und nachher mit allen Erkenntniskräften betrachtet, zu einer solchen Tätigkeit werden. Es werden einige elementarste Sachverhalte entwickelt, die wichtig und besonders geeignet erscheinen, einen weiteren Kreis von Mathematik-Freunden mit diesem Gebiet gründlich und nicht langweilig vertraut zu machen. Die Darlegungen sind mit der Überzeugung geschrieben, dass das Denken innerhalb der projektiven Geometrie den Zugang zu Ideen gefunden hat, die für das erkennende Erfassen der Welterscheinungen noch eine wichtige Bedeutung erhalten werden.

3., unveränderte Auflage 2016, 174 Seiten, kartoniert, ISBN 978-3-7235-1570-9

Paul Schatz | Matthias Mochner (Hg.)

Architektur und Umstülpung

Studien zum organisch-dynamischen
Raumbewusstsein.
Ein Schulungsweg für Architekten

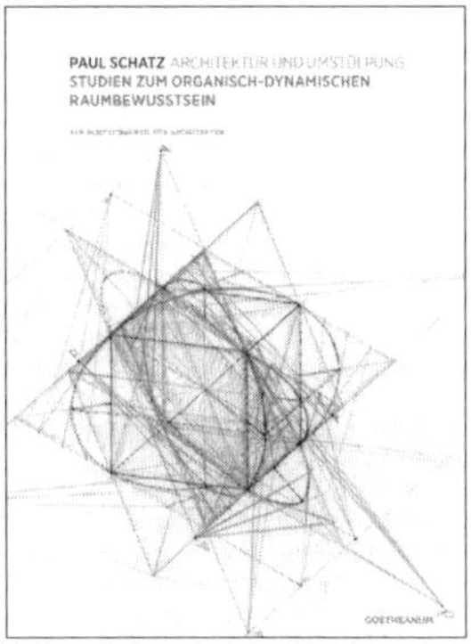

In der Architektur ist die Frage nach dem Raum und dessen Qualitäten zentral. Die Idee der Umstülpung ermöglicht es, das Bauwerk in seiner Entstehung aus der Bewegung zu denken. Das Verständnis von Architektur, das heutzutage vor allem durch das «Formwissen» geprägt ist, kann durch ein «Formfühlen» eine ganz neue Stufe erreichen. Man gelangt in die Sphäre des Raumes, noch bevor er zur Form erstarrt. Das organisch-dynamische Raumbewusstsein löst die fixe Raumvorstellung aus ihrer Endlichkeit und führt diese in die Weiten des Kosmos und über die Umstülpung wieder auf den inneren Mittelpunkt zurück. In den vorliegenden Studien, die als «Architektur und Umstülpung» hiermit wieder zugänglich gemacht werden, beschreibt Paul Schatz erste Schritte auf dem Weg zum Ursprung des organischen Baustils. Der minutiös und aus unterschiedlichen Perspektiven geschilderte Weg überschreitet die Grenzen der euklidischen Geometrie in der Baukunst. Dadurch erweist sich die Umstülpung als Schlüssel für ein Verständnis des Lebendigen in der Architektur. Die umfangreichen Forschungen von Paul Schatz zielen in den Mittelpunkt aktueller Architekturdiskussionen. Mehr als 200 Farbabbildungen aus dem Nachlass erweitern das Bild einer zukunftsweisenden Architektur. Sie bieten Einblick in das Werk eines Erfinders, der als Astronom, Bildhauer, Maschinenbauer und Mathematiker über einen originär geisteswissenschaftlichen Forschungsansatz im Sinne der Anthroposophie Rudolf Steiners verfügte. Drei Beiträge moderner Autoren vervollständigen die Sicht.

432 Seiten, Leinen mit Schutzumschlag, ISBN 978-3-7235-1450-4

Ausgezeichnet von der Stiftung Buchkunst
«Eines der schönsten deutschen Bücher 2014»

Verlag am Goetheanum